我的人生有办法:
做自己的心理疗愈师

赵婉新 著

·北京·

图书在版编目(CIP)数据

我的人生有办法:做自己的心理疗愈师 / 赵婉新著. -- 北京 : 中国经济出版社, 2025.7. -- ISBN 978-7-5136-8184-1

I. B84-49

中国国家版本馆 CIP 数据核字第 2025YS0269 号

策划编辑	龚风光　杨　祎
责任编辑	杨　祎
特邀策划	书香学舍
特邀编辑	蒋香香　周自立　李清霖
责任印制	李　伟
封面设计	车　球

出版发行	中国经济出版社
印 刷 者	北京鑫益晖印刷有限公司
经 销 者	各地新华书店
开　　本	880mm×1230mm　1/32
印　　张	6.75
字　　数	156 千字
版　　次	2025 年 7 月第 1 版
印　　次	2025 年 7 月第 1 次
定　　价	59.80 元

广告经营许可证　京西工商广字第 8179 号

中国经济出版社 网址 www.economyph.com 社址 北京市东城区安定门外大街 58 号 邮编 100011
本版图书如存在印装质量问题, 请与本社销售中心联系调换(联系电话: 010-57512564)

版权所有　盗版必究(举报电话: 010-57512600)
国家版权局反盗版举报中心(举报电话: 12390)服务热线: 010-57512564

推荐语

《我的人生有办法:做自己的心理疗愈师》不仅是一部心理学著作,更是一曲关于生命韧性与自我救赎的动人乐章。婉新老师以温润如玉的智慧与从容不迫的力量,为读者展现了一场真实可触的心灵蜕变之旅。

当命运的风暴骤然来袭时,她选择以心理学为炬,照亮生命的至暗时刻。从家庭变故的深渊到精神世界的重建,从陪伴儿子重返校园到助力其考入世界顶尖学府,这段历程不仅是一位母亲的涅槃,更是一位心理疗愈师知行合一的生命实践。书中的字字句句,绝非空洞的安慰,而是她以生命印证的真理。

这本书的独特之处在于,它将专业可靠的心理疗愈方法与打动人心的生命故事融为一体。字里行间,读者既能感受一位智者穿越风雨后的通透澄明,又能习得切实可行的自我疗愈技巧。尤其值得每一位在人生困境、亲子关系中挣扎的读者细细品读,因为它不仅教你如何疗愈自我,更指引你如何用这份疗愈的力量托起孩子的未来。

如果你正在寻找破局之道,这本书会给你答案;如果你渴望成为更好的自己,这本书能为你指明方向。让我们跟随婉新老师的脚步,学会做自己的心理疗愈师,在人生的任何境遇中,都能找到前行的力量。

——孙瑜
工商管理博士,中国智慧工程研究会心理督导专委会副会长

人性的本能是追求快乐、逃避痛苦。当灾难逐个降临到一个人身上时,人最常见的状态就是抱怨、逃避、麻木,但人内心的痛苦实实在在地存在,无论用多少方法,都会一直跟着自己,而偏偏自我疗愈,就需要超越自己的本能直面痛苦,这不是一般人能干得来的,既需要有非一般的勇气,也需要有非一般的技巧,相当于拿起心灵手术刀对自己开刀。每次在经历这样的过程走出来后,都可谓是一场"英雄之旅"。

婉新老师以她的亲身经历娓娓道来,不仅分享了她这场"英雄之旅"的全过程,还分享了各种可以落地、证实有用的方法技巧。这本书,既是关于她人生经历的叙事,也是为读者提供的可以拿来即用的自我疗愈指南,让每一个痛苦迷茫的人不用再走那么多的弯路,无须纠结与痛苦,非常值得推荐。

——郑立峰(李明昱)博士
《家庭系统排列》作者,
身心系统整合、家庭系统整合、组织系统整合导师

推荐语

人生如同创业，最黑暗的时刻往往藏着破局的密钥。赵婉新老师的《我的人生有办法：做自己的心理疗愈师》，正是一本关于我们内心的"底层系统升级方案"。

她曾坠入深渊——丧夫失母、孩子辍学，却用十七年将苦难淬炼成方法论：撕碎限制性信念，重构情绪算法，用心理学为人生"迭代版本"。书中没有空谈，全是"代码级"实操，从接纳自我的不完美到激活自驱力，每一章都是对读者内心痛点的精准击穿。

我常说："生死看淡，不服就干！"赵老师的故事印证了这一点——真正的改变，永远始于行动。当你觉得自己的人生出现"系统卡顿"时，不妨翻开这本书，给自己做一次"深度清理"。记住，人生没有故障，只有尚未解锁的版本。

——**老蒋**
创客匠人 CEO

婉新是愚翁的贤媳，也是我们家的贵人。

人生无常，我们在同一天失去了共同最爱的人，这是我们家难以言说的伤痛。此后，我们一家人携手直面生活的风雨，共同承担起养育孙儿的责任。

童年的阴影、青年破灭的理想、中年的丧子之痛，这些曾被我视作我人生中无法弥补的瑕疵与裂痕。直至贤媳学习心理学后，我和夫人一起学习了她的课程，从此邂逅了被自己遗忘的内在智者，让自我疗愈成为一场庄严的生命仪式。

我的人生有办法：做自己的心理疗愈师

得益于这份探索与成长，我和夫人逐渐走出了创伤阴影。

如今，看着夫人越来越有活力的状态、看着孙子就读于名校，我内心满是对儿媳的感激，既为她的成就深感自豪，也为孙子的优秀倍感骄傲。

我特别想告诉大家，真正能拯救我们的，永远是灵魂深处从未放弃成长的自我，以及血脉相连的亲情力量。

——刘少峰　愚翁

作为最早伴随"婉若新生"平台从一张课程表蜕变为生命灯塔的亲历者，翻开这本书，我仿佛又看见了2010年的那个清晨：婉新坐在身心疗愈课程教室里，攥着笔记本的指节发白，眼里闪烁着求知的光，每个提问环节，总能看见她高举的手，一遍遍地追着老师深究细问。

如今的婉新，依然保留着这种令人动容的"笨拙的真实"。在这本书中，你不仅会看见她的专业、善良、真诚、勇敢、幽默与坚韧，还会看见她经过数以万计的咨询辅导、课程讲授历练而沉淀的智慧。这本书不仅是一部自我疗愈方法论的集成，更是一部激励女性成长的佳作。如果你正在经历人生的至暗时刻，这本书会像老友般握紧你的手为你指明方向。

生命从不会真正崩溃，它只是在等待一次温柔的重新编织。而这本书，正是婉新递给你的一枚金针。

——吴晓红

挚友、同修，二级心理咨询师，大型国企人力资源总监

很高兴能成为助推赵婉新老师这本书从无到有的出版人。在当今时代，我总能看见有些朋友能把自己活成一道光，点亮自己、照亮他人。他们用生命印证着一个信念："我的人生有办法！"婉新老师正是这样一位活出生命力量的践行者。她曾濒临崩溃，却在自醒、自救与自我疗愈中完成蜕变。那些心力不足的朋友们所经历过的挣扎与困顿，她都曾切身感受。如果你偶尔被沮丧、困顿或迷茫笼罩，一定要翻开这本书，相信你也可以成为帮助自己走出来的心理疗愈师。

——刘 Sir

《代表作》《定位高手》作者，书香学舍主理人

赵婉新老师以半生历练凝结成这本自愈指南：从痛失至亲的绝境，到面临儿子辍学的迷茫，她以单亲妈妈的身份，在腰椎手术与催债压力的双重煎熬下完成自我救赎。书中摒弃空洞的说教，而是以她亲身"证悟"的历程，凝练了十七年的疗愈心法——NLP 技术、家庭系统重塑、"内在小孩"对话、创伤剥离术等实践方法。我亲身体验过书中"人大了，事儿就小了"的转念过程，尤其对为人父母者颇具启发。

若你正困于原生家庭创伤、亲子关系难题或自我价值怀疑问题中，这本书将成为理解你的知己，助你重构自己的人生。

——筝小钱

《阅读是富养自己最好的方式》作者，读书博主

自 序

请相信生命有更多可能

大家好！我是赵婉新，一个历经人生风雨却依然坚韧不拔、勇往直前的单亲妈妈。我的职业是心理咨询师和家庭教育工作者，但在生活中，我愿意称自己为"家庭疗愈工作者"。

我之所以这样定义自己，是因为在我看来，疗愈与教育有着本质的区别。教育侧重于传授道理，而疗愈则是基于个体的特质，唤醒其内在的天性，助力其生命的绽放。而我，目前做的就是这样一件事。我正致力于带领女性成长、为愿意自我提升的女性朋友赋能，帮助她们构建和谐的家庭，拥有幸福的人生。

为了让大家更深入地了解我，接下来，我想分享一些关于我的故事。

二十六年前，一场突如其来的重大事故让我在半年内相继失去了丈夫和母亲。那时，我的儿子年仅一岁，而我也因为悲伤过度和巨大的压力压垮了身体，卧床三个月，身体和情绪都跌至谷底，后来我的孩子也因家庭变故而无心学习，成为老师和亲友眼中的"学渣"，甚至辍学长达四年多。

就这样，因为孩子和我每况愈下的身体，在2007年的时候，我踏上了"拯救孩子"的道路。

虽然我的初衷是改变孩子，但出乎意料的是，我成了学习过程中最大的受益者，我的孩子也因我的成长而重返校园，如今已在知名藤校就读。

"自我救赎"的道路充满坎坷。在这个过程中，我经历了无数痛苦，也走了不少弯路。我参加了国内外众多课程，懂得了许多道理，但最初效果并不理想，孩子没有变化，家人也不理解。

基于这些经历，我在个案咨询和授课中，就会特别理解来访者及其家人的心情。在疗愈的过程中，我也会尽可能用最简单的方法和最生活化的语言传递高维智慧与疗愈技术，帮助那些家庭和个人。

经过十七年的学习和实践，我深刻体会到，学习真的可以改变命运。不仅我自己发生了翻天覆地的改变，我的家人也因我的改变而越来越好。

这些年来，我在家庭疗愈方面取得了一定的成果。通过咨询和线上线下授课，我帮助了超过十万个家庭改善关系，同时培养了一千多名心理疗愈师。

然而，每当我看到孩子抑郁、辍学、自伤甚至结束生命的新闻和求助信时，我的心都在滴血。

因为我曾经经历过人生低谷，深知那种无力感。我知道，人在低谷的时候亟须帮助，也许一句知心话、一本有意义的书、一个与自己相似经历逆袭反转的人生故事，都可能帮助他们看见希望，获得活下去的勇气。而这，可能就是我想写这本书的初衷。

在这本书里，我将分享自己的成长经历，以及数次走出人生低谷的经验。此外，我还将提供一些实用的方法，帮助大家处理人际关系、改变情绪、提升心力。

这些年来，我依靠这些实用技术，不仅让自己受益，也帮助了更多的人。我希望，这本书能成为你前行路上的一盏明灯。我也希望，你愿意相信：你的生命有更多可能！

赵婉新

2025年1月写于上海

目 录

| 第一章 | 破除人生信念障碍

人活着,原来不只是为了自己   002
    远离变故,是人的一种本能   002
    只要活着,就有无限可能   003
    人大了,事儿就小了   011

成为今天的样子,有偶然也有必然   013
    做一个让孩子感到自豪的妈妈   013
    贵人的帮助,让我开始转变   015
    所有的人生经验,都是生命给我们的礼物   018

你的世界是你自己创造的   020
    带着目标感做事情   020
    选择无所谓对错   022

不是什么年龄就必须做什么事   025
    什么年龄就应该干什么事吗   025
    "应该"是对思维的限制   027
    这个世界上,没有那么多应该   029

改变是一点点来的，不要苛责自己　　　　031
　　每个人都是独一无二的　　　　　　　031
　　人的三种学习类型　　　　　　　　　032
　　不跟别人比，只跟自己比　　　　　　033
　　让自己变得与众不同　　　　　　　　035

单亲妈妈也可以拥有美好的人生　　　　037
　　潜意识会创造自己的境遇　　　　　　037
　　让自己看到更多可能　　　　　　　　038
　　觉得有希望的时候，内心就会升起力量　040

第二章　修炼自己，成长是一场蜕变

接纳不足，拥抱不完美的自己　　　　　044
　　就生命而言，每个人都是"完美"的　　044
　　全然接纳自己，活出自己的样子　　　046
　　完美是个假象，不必过分在意　　　　048

远离消耗你的人　　　　　　　　　　　050
　　内在变化了，圈子就跟着改变了　　　050
　　感受自己被消耗的能力　　　　　　　051
　　远离那些消耗你的人　　　　　　　　052

克服恐惧，跳出舒适区　　　　　　　　054
　　对未知的恐惧，是动物的本能　　　　055

目 录

改变的勇气，是被逼出来的 055
如何做出心理改变 058

自信一点，就能看到更多可能 060
自信形成的路径 061
不自信对自己的影响 063
从自卑到自信 065

别让习惯性讨好拖垮你的一生 066
有好处，才会习惯性讨好 066
疗愈与父母的关系 067
温和而坚定地拒绝他人 069

静下来，保持平和的状态 071
为什么静下心来如此困难 071
静不下心来的四种情况 073
静下心来的方法 075

与其抱怨，不如修炼自己 077
抱怨的源头是原生家庭 078
抱怨的消极影响 079
让抱怨成为你的工具 081

真正聪明的人，都是会学习的人 083
学习的本质不是快，而是慢 084
因学习而自责，是生命给你的积极提醒 086
自我成长，共修很重要 087

自驱力，激发无限潜能　　　　　　　　　089
　　发大愿，才能做大事　　　　　　　　089
　　使命是在持续行动中生发出来的　　　092
　　使命带来人生的第二次觉醒　　　　　093

| 第三章 | 爱、家庭与光亮

爱是一切关系的前提　　　　　　　　　098
　　爱是允许，是接纳　　　　　　　　　098
　　爱是夫妻关系的第一大前提　　　　　099
　　亲子关系中的爱　　　　　　　　　　100
　　爱要在行动中表达　　　　　　　　　102

活下来就值得感恩　　　　　　　　　　104
　　怨恨父母，就是否定生命　　　　　　105
　　活着就值得感恩　　　　　　　　　　106
　　觉察，就在一念之转　　　　　　　　107
　　空椅子技术　　　　　　　　　　　　108
　　培养感恩的心　　　　　　　　　　　109

接受父母本来的样子，才能活出更多的精彩　111
　　我的原生家庭　　　　　　　　　　　111
　　创伤没有大小　　　　　　　　　　　113
　　学习心理学的真正目的　　　　　　　113

目 录

你就是你孩子的原生家庭 … 117
夫妻关系和谐，是孩子成长的最佳环境 … 117
父位缺失时，母亲要承担更多责任 … 118
活成孩子心目中的榜样 … 119

维系关系平衡，让家庭更和谐 … 121
夫妻关系失衡，家庭就会出现问题 … 121
家暴是失衡之上的系统性问题 … 123

理解孩子，给予孩子足够的爱 … 126
洞悉孩子的心理需求 … 126
青春期是儿童到成人的过渡阶段 … 128
激发内在动力 … 129

特殊家庭的亲子相处之道 … 131
单亲家庭 … 132
多子女家庭 … 133
再婚家庭 … 133
隔代教养 … 134
找到"组织"，共同成长 … 134
妈妈是孩子的引领者 … 136

活成孩子眼里的一道光 … 138
身教重于言教 … 138
妈妈在家庭中的角色 … 139
榜样是自然而然的结果 … 140

第四章 成为更好的自己，相信生命有更多可能

断舍离，清理生命中不再需要的东西　　144
　　感受自己的信念系统　　146
　　有自己的标准，做喜欢的事情　　148
做自己热爱且擅长的事　　150
　　发现自己热爱且擅长的事　　151
　　做事业就像谈恋爱　　153
　　事业和家庭的有效平衡　　155
没有失败，只有提醒　　157
　　放过自己，你已经做了最好的选择　　159
　　爱、肯定与自由　　160
每天和自己的灵魂待一会儿　　162
　　关注自己的内在行为　　162
　　与灵魂同在，一切都会改变　　163
　　有意识地与灵魂独处　　164
爱自己的 N 种方式　　167
　　什么是真正地爱自己　　167
　　爱自己的方式与价值观有关　　169
　　爱自己，就改变自己　　169
做有意义的好事，相信生命的更多可能　　171
　　宇宙法则：你给出什么，宇宙会加倍回馈给你　　172

做有意义的好事，从两个维度产生影响　172

真心感受好事，发现生命有更多可能　174

案例与附录

案例一：笔记本与"内在小孩"　178

案例二：家庭疗愈不仅仅是两个人的事　181

案例三：离家出走的"父爱"　183

案例四：从师生矛盾到自我觉醒的转变　185

案例五：镜子中的背叛　187

后　记　189

一切皆有可能，只要愿意尝试，就有机会。

第一章
破除人生信念障碍

人活着,原来不只是为了自己

许多人在遭遇变故和打击后,往往会一蹶不振,失去生命的活力。每当有人找我咨询,表现出萎靡的状态,或是告诉我尝试过很多方法都没能走出阴影,想放弃的时候,我的第一反应都是"非常理解"。因为,我很清楚,"逃离痛苦"是人在潜意识中会做的事。

远离变故,是人的一种本能

能有这样的认知,除了当年学习心理学时老师教的人类追求快乐、逃避痛苦的两大本能,更因为我当年经历人生中的几个重要变故时,也产生过与他们一样的念头。人在遇到无力承担、无法处理的事情时,往往本能地想逃避。将心比心,我自然会感同身受。

回想那个阶段,以我当时的心智,自认为没有足够的能力去处理那些问题，没有办法从那种困境中走出来，或者说我看不到任何希望，不相信生命还有更多的可能。于是，"远离痛苦"成了我当时本能的选择。我甚至还产生过"死掉算了"的念头，以为逃到"另一个世界"，就不用再面对这些事了。

如今的我，经过学习和成长，经过痛苦的历练，经过大量个案的洗礼，早已没有了那种傻傻的念头，更多的是对来访者的理解与共情。

只要活着，就有无限可能

过往的人生中，我不止一次感觉自己跌入了谷底。现在的很多来访者和我的学生，也会有我当年的感受。他们对我说："婉新老师，我身上没有一件让我顺心的事儿，我实在没有办法应付这种局面了。"我给他们的答复都是一样的——即使这样，也都有办法，也都有选择。只要活着，就有希望。

只要活着，相信自己就有希望，这也是本书的主题。生命真的有很多可能，只要有信心，终究能够找到解决问题的办法。

这是我多年经历中得到的经验，是我亲身的体悟。

丈夫去世，人生第一次觉醒

我结婚生子比较早，丈夫是个青年才俊，生意做得风生水起。1999年，我25岁，我们的孩子刚满1周岁，那时的我们感情非常好，就像处在蜜月期一样。有一天，我接到一个电话，得知我丈夫和公公在另一个城市出差时发生了车祸。可当时我并没有意识到事态的严重性，以为他们只是遇到了一些小麻烦。谁知，当我和婆婆赶过去后，得到的信息却是丈夫不幸去世，公公陷入昏迷。

我之前没有接受过任何挫折教育，也没经历过什么人生坎坷。这样的结果远超出我当时的心理承受能力。面对突如其来的变故，我完全没有解决办法，感觉整个世界都崩塌了。

在太平间看到丈夫的那一刻，我的第一个念头是"要随他而去"，满脑子都在想如何结束自己的生命。但是，当我回到旅馆，看到亲戚们照顾着我那个四处找爸爸的孩子时，我突然意识到，如果我随丈夫走了，孩子该怎么办呢？而且，丈夫离世已经给我带来深重的痛苦，如果我也走了，我的公公婆婆、我的父母和我的孩子会多么可怜！

我意识到，在某些情况下，选择死亡很容易，选择活下去却很难。

每每回忆起自己的成长过程，这段经历都给我深刻的提醒，我很愿意把它称为"我的第一次觉醒"。它让我意识到，我活着不完全是为了自己，我的生命不仅属于我自己。

债主上门，感受人情冷暖

做生意的人消息总是很灵通的，尤其是这种负面的消息，很快就会散播出去。

做生意难免会有欠款，本来应按季度或半年期结算的款项，但听到我丈夫去世的消息后，债主们马上以各种理由来找我要钱。他们担心我们从此一蹶不振,怕晚了就收不回欠款。当时,我无法理解他们的行为,觉得他们不近人情。如今,成长之后的我,完全能理解他们。他们是出于恐惧,害怕自己遭受损失,才争先恐后地找我要钱。

母亲去世,打击加倍

然而,打击并没有就此结束——在我丈夫去世三个月后,我母亲被检查出癌症晚期。仅过了四个月,她也离开了人世。短短七个月内,我失去了两位至亲。于我而言,这样的双倍打击让我几乎无法承受。

孩子三年不停哭,让我觉得人生好难

除了丈夫和母亲的离世给我带来的痛苦,我的孩子也不让我省心。他很爱哭,而且一哭就停不下来。别人家的孩子上幼儿园,可能只在最初的半个月、一个月或三个月哭一哭。而我的孩子,在上幼儿园的三年里,每天都会哭得撕心裂肺,让老师们都束手无策。没办法,我不得不付出比其他家长更多的精力和时间来陪伴孩子。在那三年里,我时时刻刻都觉得人生真是太难了。

腰椎间盘突出,躺在床上焦虑不安

没想到,不幸的事情竟然接踵而至。没过几年,我查出了腰椎间盘突出,痛到不能走路。最严重的时候,我早上醒来以后,连一步也迈不开。无奈之下,我只好常年去医院治疗,后来甚至接受了手术。

当医生看到我的片子时,还以为我是常年从事重体力劳动的人。其实,我既没有受过外伤,也没有做过重体力工作,只是情绪压力过大，导致身体出现了问题。多年后我才意识到，身体问题和情绪问题是密不可分的。

手术后，我在床上躺了三个多月。当时，我的孩子刚上一年级，每天放学回来，他写作业都要写到晚上十点甚至十一点。我不知道他为什么会写得这么慢，也不知道他是不是遇到了什么难题，而自己只能躺在床上，非常焦虑。

孩子成绩不好，面临留级困境

三个多月之后，我终于又一次可以站起来走路。经过慢慢地练习，我逐渐恢复了行动能力，终于又能去学校接送孩子了。然而没想到，老师却告诉我，我儿子的学习成绩不好，可能需要留级。对于身体刚刚恢复健康的我来说，这又是一个很大的打击。

我儿子当时就读于一所重点小学，老师的压力很大，对家长的要求也很高。我的孩子个子本来就高，如果他留级，会比低一级的同学高很多。这种情况可能会对孩子的心理产生影响，所以我决定给他换一所学校。

从重点小学转学到非重点小学

我将孩子转学到一所非重点小学后，我身边的亲人，尤其是孩子的爷爷奶奶，都无法理解我的决定，甚至对我产生了一些误解。其实，我只是觉得孩子在非重点小学或许会轻松一些，老师对他的要求可能也没有那么高。

可是，转学后，孩子的学习成绩依然不好。作为母亲，我能力有限，但是依然希望通过自己的努力给孩子更好的未来。

| 第一章 | 破除人生信念障碍 |

艰难学游泳，波折中得到去上海的机会

我家孩子手长、脚长、个子又高，我想，他将来也许可以走体育这条路。如果他能拿到一级或二级运动员证，在体育比赛中取得不错的成绩，将来就可能以"保送生"的身份进入一所好的大学。这是我当时能想到的给孩子最好的安排。于是，我为他选了一个我自认为最适合他的运动——游泳。

在这之后，我付出了很多努力，也很辛苦。我每天带他去游泳，游完再回家写作业。刚开始，他并不认真游，我很着急，甚至忍不住骂他、打他。在这个过程中，我也像其他家长一样，充满了焦虑。

但没过多久，他就游出了一点成绩。很快，他被从上海来的老师选中，老师说他是一个不错的苗子，想把他从内蒙古带到上海进一步训练。可是，他当时刚上二年级，年纪太小，我没舍得让他去。

没想到，三年级的时候，他再次被选中。经过与家人商量，我决定带着孩子一起前往上海。

上海陪读一年，重返内蒙古

我以陪读的身份来到上海，目的只有一个，就是让孩子游出好成绩。然而，事与愿违。来到上海后，他对待游泳的态度依然不够认真。因此，尽管他的身体素质很好，可成绩总是不尽如人意。在上海训练了一年，他坚决表示不愿游泳，我们只好返回内蒙古。

再返上海，孩子选择辍学

回到内蒙古之后，单身多年的我谈了一个男朋友。可是，没过多久，他就到上海工作了。我们的关系稳定之后，他希望我也去上海。征求孩子的意见后，我们再次来到上海。只是，孩子已经不愿继续游泳，只能作为一个普通学生继续学习。之后，老师频繁找我反映孩子的问题：既不好好学习，与同学的关系也不好。在老师眼里，我的孩子就是一个"问题少年"。

其实，我对孩子的状况心知肚明。但作为母亲，我对他始终抱有希望。到了六年级下半学期，即将升初一的时候，他无论如何都不愿再读书了。尽管我想尽办法，却依然无法改变他的想法，最终只好答应了他辍学的请求。

尝试创业，半年便宣告失败

辍学后，孩子每天窝在家里玩游戏，我感到我们的生活毫无希望。到了初一，他的身高已经超过一米七。每天看到小区里其他的孩子去上学，而我的孩子却无所事事，我心如刀割却无能为力。

之后，突然有一天，孩子对我说："妈妈，我要创业，与一个朋友开个熟食店。"经过了解，他的朋友是我认识的一位上海理工大学的大学生，准备在浦东开一家鸭脖店，想邀请我儿子入伙。那时，我也的确没办法为儿子找到更好的出路，就答应了。我永远都不会忘记，有一次去看儿子，他正拿着一把大刀切鸭脖子的场景，当时真是既心疼又难过，五味杂陈。

然而，好景不长，仅半年后，他就决定放弃。也许，是因为他原本以为做生意能轻松赚钱，但半年的创业经历让他亲身感受到了其中的艰难。

| 第一章 | 破除人生信念障碍 |

离校两年多，重萌读书的念头

有一天，孩子突然对我说："妈妈，我想继续读书。"我很惊讶地问："你不是不爱读书吗？为什么又想读书了？"

他跟我说，他们开的鸭脖店的旁边是一家奶茶店，奶茶店老板招聘了几个辍学的孩子，给写字楼里的客户送外卖。那些孩子没事时会在店门口聊天，由于他们没什么文化，内容粗俗且毫无营养。他意识到，这种生活不是他想要的，因此，想要重新读书，充实自己的大脑。

看到他的转变，我很开心，并全力地支持他继续读书。

到成人学院，与叔叔阿姨一起学英语

我建议他重回学校继续学习，可他不想面对原来的老师和同学，不想回去。既然如此，只能另想出路。我们经过交流后，共同决定学英语。在确定学习方向后，我就到处给他找学校。最终，我找到了一个面向社会招生英语班的学校。交完学费后，他开始与一群和我年龄相仿的成年人一起学习，持续了一年左右。

与此同时，我也努力学习心理学，对孩子的认知也在一步步提升。

重回学校读书，坎坎坷坷

学习英语后，他又想回学校学习。由于无法回到原来的学校，我只能给他补课并安排他进入一所普通国际学校。他的英语水平还可以，直接上了初三。然而没想到，第一个学期即将结束时，他因和别人打架而被学校开除了。我只好为他重新找了一所学校，从高一开始读起。可是没过多久，他又因对老师和同学不满，再次辍学。

校外学习，提升综合能力

此时的我，已经完全接受了孩子的状态，因为我在不断学习、不断成长，做好了他不上大学的准备。我相信，即使不上大学，他也能养活自己。

既然他不愿意读书，我便让他参加一些我认为对他有用的课。比如，我学的 NLP（神经语言程序学），这门课程能锻炼思维能力、情绪管理能力和认知能力，对他未来的成长有很大的好处。

我还让他在实践中锻炼综合能力，并有意识地引导他向别人学习。包括我自己组织夏令营时，也让他参与进来，我负责家长，他负责孩子。我给家长们讲课，他安排孩子的活动。我让他策划活动并安排大家的食宿。我通过这些活动，有意识地锻炼他的综合能力。他也乐在其中，跟着我做了好几期活动。

参加托福考试，申请国外大学

到了该上高三的年纪，他以前的同学都在备战高考，而他却显得格格不入，他突然意识到自己与别人不同，于是决定上大学。他对我说他想上大学，我说："很好，你做了这个决定，我支持你。但是，学习是你的事，妈妈帮不了你。如果想上大学，必须得补课。"他同意了，我就给他找了一位补课老师。尽管他的英语口语很好，但在写作、听力方面仍需要提升。

经过一段时间的补习，他参加了三次托福考试，成绩一次比一次好。最终，他用最好的成绩申请了美国的南佛罗里达大学，选择了运动科学专业。城市、大学和专业都是他自己选的。我支持他的所有决定，并相信他也能决定自己的未来。

人大了，事儿就小了

我对孩子的信任，其实经历了很长的过程。而且，在这个过程中，我怀疑过、失望过，甚至绝望过，这些都是必然的经历。

当年，在最痛苦的时候，我和公公说过这些事。他对我说的一句话，我至今都记忆犹新。他说："人大了，事儿就小了。""大"是什么意思？其实就是指人的格局变大了。**当你能够站在更高的角度去看待眼前的问题时，这个事情给你带来的伤害和负面影响就会变小。**

如果现在回过头总结，我会说，在失望、绝望的时候，可以给自己一个喘息的机会。先停下来，接受现状，让自己缓一缓。至于如何才能更好地做到这一点，成为更好的自己？我给大家一些建议。

1. 相信孩子

一个母亲，在任何情况下都应该相信孩子的本心，相信孩子有改变的希望。这种信念散发出来的能量，孩子是能够感受到的。它比任何外在资源对孩子的帮助都大。有了它，孩子在面对眼前及未来可能遇到的难题时，都会更加自信。

2. 对自己负责任

遇到问题怎么办？比如，被催债或自己身体出现问题等。这时，更要坚守最初的决心和责任。作为母亲，我有做母亲的职责；作为成年人，我有成年人的责任。我无法逃避，必须面对、解决并提升自己解决问题的能力，寻找能帮助我的人，尝试所有我能想到的方法。这种责任感是支撑一个人走下去的内在力量,也是心智成熟的体现。

3. 看见善良的人

生活中总有一些美好善良的人,他们支持你、爱你、帮助你。这些"爱"会让你有内在力量去应对每一件事。

这些人包括家人和朋友。家人的爱是最无私的,朋友会陪你一起哭,邀请你去他家做客。他们会用自己的方式关心你,关心你的家人。

4. 不断学习

身处困境的时候,可以通过学习改变命运。 2007年左右,我通过自学考取了国家二级心理咨询师证书。虽然我没有立即从事心理咨询工作,但它作为学习的开端,促使我涉猎更多领域,学习更多知识。

在成长的过程中,我告诉自己不要着急,允许自己慢慢来,等一等,总会有解决的办法。

你也可以问问自己,在面对困扰或者痛苦时,对自己最重要的事情是什么?

就这样,我一点点地改变,一点点变得更好。最终,成就了今天的自己。

成为今天的样子,有偶然也有必然

很多人问我:"婉新老师,您活成今天的样子,是偶然还是必然?"

我想说,每个人的人生都不一样,有的人选择"躺平",有的人却活出了别人羡慕的样子。

做一个让孩子感到自豪的妈妈

我能成为今天的样子,既是偶然,也是必然。

为什么说是"偶然"?因为,其中有运气的成分。许多事业成功的人在接受采访时,除了说自己很努力,也会说自己很幸运,因为他们遇到并抓住了好的机会,这对他们的成功起到了很大的助力。对于我而言,我能成为一名不错的心理工作者,也受到了外部环境的影响。

"必然"又是什么呢?我是一个单亲妈妈,当然希望我的孩子好。

除此之外，我还有一个从未告诉过别人的内心想法——我希望自己能成为一个让孩子感到自豪的妈妈。我不只是希望能照顾好他的日常生活，把他养大，让他上好学校，我更希望孩子在想到我时，内心感到无比骄傲。

为什么我没有告诉别人呢？因为当时我觉得自己没有这个能力。虽然我心里隐隐有这样的想法，可能还没有想得很清楚。不过，我依然愿意去尝试。在尝试的过程中，我把自己看作一名创业者，一位个体心理咨询师。我没有名校的学历，没有任何知名机构的背书，也不认识名人，更没有运营团队，完全就是凭借内心愿力一点一点地去做。

其间，我遇到过很多困难，但我没有放弃，一直坚持了下来。因为我的内心告诉自己，我要成为一个让孩子感到自豪的母亲。我觉得这是个必然。

如果回顾过去，总结经验，我认为，想做成事，一定要有坚定的意志。认准了，就要做！我相信遇到的困难是暂时的，坚持就会取得胜利。这点说起来简单，其实做起来的确不容易。但是，坚持下来一定会有柳暗花明的一天。我就是这样走了出来，从人生的至暗时刻走了出来，并且正在做帮助更多人走出低谷的事。

有时，有些女性无法做自己想做的事，不是别人阻碍了她，而是自己阻碍了自己。例如，有的人生活有太多选择，家庭富裕，老公收入高，孩子也没什么大问题，这些往往形成了舒适圈，甚至成了自己没动力改变的借口。而我不同，为什么要做那些很难的事儿？因为我没有更多的选择，没有人可依靠，甚至无法向别人抱怨。我的孩子出了问题，我不得不独自面对和处理，我没有办法，因为我的孩子我得管。

我有责任帮助自己的孩子成长，支持他实现自己的理想。**不是生了孩子的就叫母亲，就叫家长，而是能够陪伴孩子、支持孩子的，才叫母亲，才叫家长。**在他未成年前，一直在孩子身边，这是家长的责任。基于这个责任，我也得帮助我的孩子。

贵人的帮助，让我开始转变

当然，在我不断变化的过程中，身边的人给了我很多帮助。

李中莹老师

我非常感谢我的老师李中莹，他被称为"华人NLP教父"，对我的心智成长和个人提升起到了很大的作用。当年，我把李中莹老师所有的课程都学完了，请老师帮我做过好几个个案，通过一点一点地学习和改变，经历过无数次的起起落落，才蜕变成今天的我。

我的朋友们

我也很感谢我的朋友们。在不同的时期，我有不同的朋友。

比如，在老家时，我的闺密会陪我一起哭，一起抱怨。

后来，我学了心理学，想做事但能力不够，于是和同学一起开了老师的分公司，虽然由于种种原因解散了，但依然感谢那段经历。

在上海时，我有一个最好的朋友，他会引导我，让我看到自己需要学习的地方。他也是李中莹老师的学生，有一定的心理学经验。当我抱怨时，他不是急于疏导我，而是先跟我共情，用巧妙的方式让我看到在这件事中我需要学习的点,这个过程让我接受了这件事,从低落的情绪中走了出来。他对我状态的接纳和疏导,让我从创业失败的打击中走了出来。

我的公公婆婆

我先生去世后,我的公公婆婆在物质上和精神上都给了我很多支持。

虽然我有自己的房子,但还是和他们一起生活了九年。因为我知道,他们非常爱孩子,孩子是他们心中的精神支柱。如果我带着孩子回自己家,他们会非常痛苦。

在这九年里,他们给了我很多生活上的关心、精神上的支持,甚至在物质方面也给予了我和孩子帮助,孩子上学的费用,他们帮我分担了很多,我也很感谢我的公公婆婆。

我的学生

后来,我做了心理咨询师和老师,带了很多学员,向学员传递我的价值观和力量,给他们讲我的生命故事。我的学生们听完之后,心灵受到了触动,不断给我肯定,让我越来越自信。他们也都是我的贵人,同样值得我感谢。

我的二哥

我有三个哥哥和一个姐姐。我妈妈去世后,爸爸因为一辈子没和妈妈分开过,非常痛苦,陷入了巨大的悲伤中。在我最需要帮助的时候,爸爸却无法支持我。

当时,我身边的朋友和亲人给了我很多关心,但在我看来,他们都是可怜我。这让我觉得自己是个弱者，失去了丈夫和母亲，还一个人带着孩子。我能够理解他们对我的爱，可我当时真的很怕这样的爱，不敢去接受。

作为一个单亲妈妈，一个单身女人，我很需要"价值感"。我觉得我当时最不需要的就是"可怜"。

我二哥却不同，他给了我一个小店，对我帮助很大。不是说我靠这个小店能赚多少钱，而是它让我有了自主权。我可以自己为生活创造可能，通过这个店安排很多自己的事情。这是哥哥用行动给我的支持，我很感激他。

我的家政阿姨

一般来说，大家会认为，有能力帮助别人的人，自身的能力一定很强。可是，在我看来，善意也可以帮助到人。

帮助过我的人中，还有一个"陌生人"，就是我们家的家政阿姨。当年，家里出了这么大的事，我非常痛苦，陷入了绝望。我不敢在别人面前哭，但在阿姨面前我可以哭。

阿姨的年龄和我妈妈差不多，也有文化，经历过人生的很多起起落落。她看到了我的痛苦，对我说："时间会让痛苦慢慢变淡，再过十年都会变淡的。人在痛苦中，是看不到希望的，痛苦会挡住自己的眼睛。"

这么简单的两句话，顿时让我觉得有时间期限，可能十年后我会好一些，可能那时真的可以不那么痛。

我的姐姐

姐姐这些年始终陪在我身边，默默无闻地为我做事。从最初她看着我只有心疼，到后来与我一起学习了很多年，她在我的生活和工作中给了我莫大的帮助。

所有的人生经验，都是生命给我们的礼物

如今，我真的走出了当年的伤痛。我有了自己的公司，也在做自己喜欢的培训咨询工作。我经营公司的经验很多都是来自当时经营失败的公司。因此，所有的人生经验，包括我们以为的失败，都是生命给我们的礼物。

总结过往，在成为今天的自己之前，我其实只是做了一些很普通的事情。我有明确的目标，并坚定地去做。我始终有一个主线，知道自己想要什么，然后去寻找资源。

换作是你，也是一样。如果你想成为一名心理咨询师，就去找教心理咨询的人，找相关的课程，找你喜欢的老师；如果你想成为律师，就去学法律课程，考证；如果你想成为作家，就去找能帮助你成为作家的人。重要的是，你要知道自己想要什么。

还有一种情况是，我们最初以为这是自己想要的，但在经历一段时间后发现自己并不快乐。这也没关系，再去找一个你真正想要的就可以了。我一直觉得，并没有所谓的失败，你尝试过了，发现这个不是你真正想要的，这就是一种排除法。这段经历会告诉你，以后不往这个方向努力就可以了。

以我多年的咨询和教学经验来看，真正的问题是，大部分人只知

第一章 破除人生信念障碍

道自己不想要什么，如不想要这份工作，不想要这个伴侣，不想要这种生活状态。但自己到底想要什么，往往是不清晰的。如果你不清楚自己想要什么，即使机会摆在你面前，你也可能辨识不出来。所以，第一步是要搞清楚你想要什么，你想成为什么样的人。

那么，我是怎么知道自己想要什么的呢？我是在慢慢学习的过程中发现的。有一天，我遇到了对我很重要的一位老师。因为我们学习心理咨询和自我成长技术，除了讲课，还会在课堂上做个案演示。

学员们坐在下面听，老师在讲台上，旁边有一把椅子，上面坐着一个学生，学生提出各种困扰，如婚姻痛苦、情绪痛苦、孩子不上学等。老师和他交流，为他做了一些事情，然后这个人的脸色、情绪、表情、整体状态都变了。

我觉得这太神奇了。突然之间，我的内心升起一个念头，我想成为这样的人。过去，我只是想成为一个让孩子自豪的人，但到底是什么样的人我并不清楚，只是一个大概的感觉。那是我第一次明确知道自己想成为像这位老师一样的人，而我今天就是这样的人。

你要去寻找自己想要的东西，可以从偶像开始，也可以从身边的人开始。你的朋友、亲人、老师、你喜欢的人，他们是什么样的，那就是你想要的。你要坚定地认为那就是你想要的。就像我，当我看到老师的样子时，我就知道那是我想要的。

对那些不知道如何成就自己的朋友，我想说，去找你想要的，没有失败，只有提醒。

假如你已经清楚自己想要什么，你为此做了哪些努力呢？

你的世界是你自己创造的

我一直觉得，一个人的世界是由他自己创造的。我现在的世界，就是我自己创造的。我现在的状态让我儿子感到自豪。他的研究生课题，也会邀请我参与其中，我认为这是他对我的认可，也说明我有能力帮助他。

带着目标感做事情

我已经实现了曾经的目标，成了自己想成为的人。只要确定了目标，然后去行动，你就能一直创造自己。目标感和原则性都是行动的关键。

爱孩子，就尊重他

当初，我独自带孩子去上海学游泳，是想让孩子过得好，这是我当时最本能的想法。毕竟他已经失去了父亲，作为母亲，我必须竭尽全力帮助他。后来，在上海和内蒙古之间，我们来回折腾，出发点也都是为了孩子好。只要他想和妈妈在一起，我就会带着他。即便生活很艰难，我依然会尊重他的选择。

选择咨询行业

选择现在的这个行业，是因为我痛苦，想从痛苦中脱离。我找不到其他办法，学习后发现这个方法不错，我一点点改变，我的孩子也跟着改变了。

当孩子开始变得越来越好时，有家长开始向我咨询，我向他们分享我学习到的知识，用了哪些方法，这些家长也有了变化，孩子也随之改变。在这个过程中，我的自信心也增强了，因为事情有结果，心情就会变好，自信心也会增强，孩子也越来越好，各方面都在变好。于是，我更自信，更愿意分享了。

在同济大学做公益活动

我曾经在同济大学做公益咨询。刚开始打算做这件事时，我没有名气，学心理咨询的时间也不长，但我很想做，就想办法找人帮忙。一开始，我不认识同济大学的人，后来发现朋友圈有同行在同济大学做公益心理咨询，于是找到他，问能否推荐，经他推荐后我就去了。后来，我在同济大学免费为大学生和研究生做了三年心理咨询。

有一个学生是当地的高考状元。进入同济大学之后，却面临一个严峻的问题——挂科太多。老师很清楚，他是一个很好的学生，问题在于沉迷游戏，导致早上起不来。那位老师非常负责任，他找到我，希望我能帮帮这个孩子。如果他再不改变，就会被学校开除。

我知道，如果这个孩子被开除了，这件事会给他的家庭、前途带来巨大的负面影响。于是，我找到那个学生并和他交流。交流了四五次之后，他从游戏中走了出来，开始学习了。他很聪明，学习态度变化以后，成绩很快就提高了。

这次咨询给我留下了极其深刻的印象。我帮助了一个差点儿被学校开除的高才生，这对他的家庭、他的未来都有着重大的意义。这让我对价值感，对一个人工作的意义有了极其深刻的认识。就算赚不到一分钱，我也愿意做这样的事。

因此，这些年每一次个案咨询、每一次课程，我都充满了热情。

选择无所谓对错

很多人说，做决定很难，一旦选择错了，一生就毁了。很少有人能像我一样做出正确的决定。然而，什么是正确？"正确"本身并不是一个绝对的概念。

在我看来，"正确"是指当一个人做出某个决定后，这个决定能给他带来意义，也就是这个决定产生的后果对他自己有一定的价值。这个价值可以是自我价值、家庭价值、经济价值和社会价值。

但就决定本身而言，并没有正确和错误之分，它只是一个没有标准答案的选择，取决于你如何看待自己当时的选择和决定。

比如，我当年创业开公司，投入了几十万元，最后只得到了一堆课程，钱也拿不回来。从经济价值来看，我是失败的，当时的选择是错误的。但现在，我不这样认为了，我觉得那是一段很好的经历。因为在那个过程中，我积累了很多经验，也锻炼了很多能力。每当有人说我取得了一些成功时，我会觉得，这都是当年的铺垫和学习带来的结果。

可见，**选择的正确和错误，仅取决于你看待这件事情的角度。**

从自己的境遇出发做决定

很多人做决定时之所以犹豫不决，往往是因为受他人的影响。A这样说，B那样说，C又给出第三种建议。

我相信，别人的建议出发点都是为了你好。问题是，他们没有一个人走过你的人生道路，不能真正站在你的角度去思考。你想要为自己负责，就要从自己的境遇出发，做出对自己最好的决定。

如果一定要讲选择的原则，我有两个大原则。

第一个原则是活下来。比如，你现在有一份工作，但你不是很喜欢，可是这个工作会给你提供稳定的经济收入，可以让你还房贷，维持正常的生活。为了这些，你也必须坚持工作，这就叫活下来。在你没有更好的选择时，这就是最好的选择，因为你需要活下来。

第二个原则是更高层次的，叫作活得好。你有收入或者存款，无论打算创业或辞职，还是休息一段时间再做其他选择，你的生活品质都不会受到影响。这种情况下，如果你不喜欢现在的这份工作，就可以考虑换个工作或停下来休息，这时候可以做如何让自己活得更好的选择。

总的来说，如果你处在活下来的状态，就要将经济收入放在第一位。如果你的生活已经有所保障，活得好就可以是你的第一选择。

当你知道自己想要什么时，你就有了信念。你会下意识地寻找机会，抓住机会，并采取行动。如果你不知道自己想要什么，一切都是空谈。你的信念就是你在创造自己的人生，也可以说，是你的信念在创造你的境遇。

关于创造自己的世界，我很想分享我内心深处的一句话：脚踩大地，敢于抬头，眼望未来。

当你对未来的世界感到迷茫，不知道如何选择方向时，不妨静下心来，问问自己，你是处于活下来的阶段，还是活得好的阶段？基于此，再做出适合自己的选择。

不是什么年龄就必须做什么事

很多人选择平庸的生活，常常受困于"年龄"。毕竟，很多人有个理念是"什么年龄就该干什么事"。例如，青少年应该在中学毕业后进入大学接受高等教育；30岁的人就应该有一份稳定的工作和一定的职业成就；人在特定年龄段就该结婚生子；等等。

什么年龄就应该干什么事吗

我认可"在什么年龄做什么事"这个观点的合理性。但是，如果把它当成自己的人生信条，可能就会形成一种限制性信念。

比如，当下女性一般55岁退休，可是现在55岁的人还很年轻。如果退休后只是回归家庭、修身养性，那就真的进入养老阶段了。那么，一个人55岁退休后能做什么呢？其实完全可以去做一些过去没有机会、没有时间、没有能力做的事情，有些人会去旅行，有些人会去尝试新的事业。

因为我自己在培养疗愈师，我看到有些人退休以后可以展开一份新的事业。比如，我的姐姐，她一辈子都是公务员，做着一份有稳定收入的工作，谈不上喜欢也谈不上讨厌，就这样过了一辈子。

但现在她学习了疗愈，成了心理咨询师，这让她的退休生活非常有价值。她每天都过得很有意义，还有了自己的粉丝。她可以帮助很多遇到问题的人，而不是退休后就想着催儿子赶紧结婚生子，然后去照顾孩子那么简单。她退休后的人生其实是开启了一个新的篇章，是一种重生的感觉，这是她过去很多年都没有体验过的。

我们不要觉得年龄大了自己就没机会了，到了一定的年龄，我们仍然可以做很多事情。人的大脑有两种智力：流体智力和晶体智力，流体智力体现在推理、灵活思考及解决新问题的能力等方面，年轻的时候最强，在中年时开始衰退。但是，晶体智力是通过学习和经验积累而得到的，随着年龄的增长逐渐增加，它使我们能够应用知识和经验来解决问题。处于中老年阶段的人，通常在重要决策方面会表现出更强的能力，这是因为他们在学习和经验方面具有丰富的积累，并对社会文化环境有着更深入的理解。

所以，在中老年阶段学习心理学、从事相关咨询工作，比年轻时学习还要合适。中老年人其实可以做很多社会工作，而不是一定要退休养老，这是我对"在什么年龄做什么事"这个观点的看法。

"应该"是对思维的限制

传统意识中的"应该",意味着只有一个选择,就是这样才是最对、最好、最应该的,好像其他的选择都不对。

这或许与中国人的传统观念和集体意识有关。比如,在古代,讲究男尊女卑:男人应该主外,女人应该主内;男人应该赚钱,女人应该守家;男人应该强势,女人应该温柔。

现代也存在这样的情况。很多成年人,小时候被父母的限制性思维限制住了,而成年后则被自己的限制性思维限制住了。

可孩子成长的可能性总是无限的。如今的"90后",或者"00后",他们有更无限的意识。这其实是一种进步,是人类思想的升级。

时代不同了,观念自然也要与时俱进。放下"应该",真正关注孩子、关心孩子、尊重孩子,发挥他们的优势,这样更有利于培养他们的自信心。

比如,有很多家长认为,孩子只有在学校上学才会有前途,有美好的未来,但实际上,不一定是这样。我并不是鼓励孩子不去上学,只是觉得人本身是最重要的,对于父母来说,更应该关注孩子的需求。其实,有些孩子有独特的天赋,他们只是不适合在学校里学习,而是需要另一种学习方式,需要另一种成长路径。

如果家长只有一个认知标准,认为孩子只有在学校上完小学、初中，再上高中，然后上大学，而且必须是好大学，才会有好的前途，那可能会把孩子带入歧途。

现在这个时代和以往不一样了。有学历并不意味着有能力，现在很多大学生毕业后找不到工作，就是典型的例子。

成功的路径有千万条，孩子的成长可能性是无限的。家长应放下这些"应该"，也就是我所说的限制性思维。我们只有真正关心孩子，而不再关心"应该"的理念，才能看到孩子现在面临的阻碍，也能看到孩子的优势和特长。

孩子将来在这个世界上生存，依靠的是他的特长，只要有一项技能就能活下来，而且可能活得很好。既然如此，为什么非要培养一个标准化的人呢？

当家长真正看到孩子的需求，而且对孩子有一份尊重时，孩子更容易做出选择。他们内心知道什么是对的，什么是不对的。

再如，一个女性如果不想生孩子，她就不应该组建家庭，不应该享受家庭幸福吗？我认为答案是"否"。她当然可以像其他女性一样拥有和享受家庭幸福。一个女性不想生孩子，肯定是有原因的。她只需要找到志同道合的伴侣，就可以享受两个人的幸福。结婚生子是他们两个人的事情，只要没有伤害别人，就没有任何问题。

这是个体的个性化选择，我全力支持。当然，如果大部分年轻人都不想要孩子，我认为这可能就是一个社会问题了。

有一次，我看到相关的采访和报道，十个年轻人中，有八个都说

"我不要结婚,不要生孩子"。那一刻,我是非常震惊的。

这种现象背后隐藏着什么问题呢?在我看来,是他们觉得人生没有意义,不热爱自己的生活。这背后可能是家长没有让他们感受到这个世界的美好,没有让他们产生真正的热爱。因此,身为家长,应该思考的是怎么给孩子传递正能量,让他们发自内心地做自己想做的事情,而不是以"应该"作为要求他们的道德标尺。

这个世界上,没有那么多应该

为什么到了一定的年龄,就应该结婚,就应该生孩子?当然,这其中有生理方面的原因,但更多的是传统思想在"作怪"。

新时代的人,应该跟着自己的感觉,到了很想建立自己的家庭,很想延续生命的时候,再去做这样的事情,再去享受美好的生活。

我的亲戚朋友都希望我再找个人结婚。他们觉得一个女人带孩子很难,应该找个男人来帮我,这样我会活得轻松一点。我知道他们的出发点是"爱我",我曾经也这样认为。

但到了今天,我觉得这个观点是不成立的,没有什么是"必须"的,也没有什么是"应该"的。

一个被"应该"束缚的人,往往容易受别人的影响,听别人的意见。别人说 A 有道理,他会接受;别人说 B 有道理,他也觉得对;别人说 C 有道理,他又会举棋不定。在这种状态下,无论做出何种选择,都很容易后悔。

当务之急,是要提升自己的判断力、理解力等综合能力,让自己变得更自信、更有主见。知道自己想要什么,想过什么样的生活,就不容易受别人的影响了。

我始终相信,一切皆有可能,只要愿意尝试,就有机会。

如果你觉得自己难以突破眼下的瓶颈,不妨自问一下,你是否被自己的某种思维限制住了。

改变是一点点来的，不要苛责自己

当遭遇瓶颈时，很多人会非常着急，甚至产生焦虑、暴躁等情绪。

同样的事情，看到别人做得比自己好，或者努力之后差距依然存在，就会觉得自己很差劲。这种心理其实很正常。

我们是人，是人就有情感。而且，我们从小在学校里接受的教育就是要比较，比谁的成绩好，比谁更受老师喜欢，等等。我们内在有这些要和别人比的部分，这是很正常的。

每个人都是独一无二的

我理解这种"比较心"，也经常对我的学员们说：不跟别人比，只跟自己比。这句话，是我闺密当初开导我时说的，让我至今受益良多。

每个人都是独一无二的，跟别人比只会徒增痛苦。在心灵成长的过程中，跟别人比尤其没有必要。

每个人的人生经历和特长特质都不同，每个人都有着自己的天赋和不擅长的部分。如果我们总是和别人比较，就很难发现自己的优点。我们要不断肯定自己，只要今天的自己比昨天的自己进步了就好，如我昨天还不懂这个，今天学习了就懂了。

我们对自己的接受程度越高，对自己的肯定越多，就会越自信。越自信的人就越容易放松，也越容易学会东西。

人的三种学习类型

人的学习，可以分为视觉型、听觉型和感觉型。

视觉型的人语速很快，学得快忘得也快。

听觉型的人记忆力很好，逻辑性很强。

感觉型的人学得慢，但不容易忘。

我是偏感觉型的，与别人拼学习速度的话，永远也赶不上。那种需要很快见到效果的学习方式，我根本跟不上。但我也有优点，就是不容易忘记，更容易将知识内化，还能更好地整合知识。这就是我的特点，我现在已经懂得如何运用自己的特点服务自己了。

但在过去，我会觉得自己不行，很差劲，然后就会很紧张，这种紧张会让自己难过。

比如，我在学习心理咨询时，老师会安排考试。因为上学时有考试创伤,所以我一考试就会非常紧张。而且老师要求现场回答,我永远都是那个不敢表达的人(其实不是不敢,而是还没反应过来)。我还在思考,有的同学就已经说出来了。

当时,我觉得自己很差劲,老师肯定不喜欢我,也会觉得自己不如别人,不敢走到别人面前。这让我想要逃避,想要疏远这个团体。严重的时候,我甚至会自我攻击,变得抑郁。这种状态持续了好几年。

经过慢慢学习,我发现了自己的优点和弱项。在了解自己后,我选择接受一切。我会充分发挥自己的长处,弥补短处,实在无法弥补的地方也会坦然接受。这样一来,我就放松了,对自己也不再那么苛刻了。

不跟别人比,只跟自己比

那时的我倍感痛苦,最终是怎么走出来的呢?多亏了我的闺密,是她开导了我。有一天,我痛苦到了极点,打电话和我的闺密约了时间,然后开车去找她。我和她讲了我的难过,她也和我说了很多,我印象最深的一句话就是"不跟别人比,只跟自己比"。当年,这句话疗愈了我。后来,我也经常用这句话疗愈别人。

跟我学习心理成长课程需要松弛、放松,允许自己做很多事情。尤其是在不如别人的时候,要接受自己。

这一点对于那些曾经的学霸,往往是难以跨越的鸿沟。在学霸的固有思维中，自己必须是最厉害的，必须走在别人前面。在这种意识的支配下，他们会很用力，可越是用力，越是紧绷，这种心理成长的课程就学得越慢。

即便他们能够把内容背下来，但心里也感受不到。而心理成长最重要的就是，心必须能够感受到情绪的流动，必须感受到别人的情感。他们感受不到别人能够感受到的信息，会让他们产生自我怀疑，甚至自我否定。然后他们找到我，说觉得自己很挫败、很痛苦。

当我说要改变过去的学习方式，不跟别人比，只跟自己比时，他们一般是接受不了的。

其中有一个高才生对我说："我的学历这么高，还学了这么多，我应该是这个班里名列前茅的人。"

听到他的话，我就知道，他给自己背上了重重的包袱。我要帮他抚平创伤，只有让他忘掉跟别人的比较，他才能真正开始学习。

于是，我为他做了一些与"内在父母"的对话，进行了一些"内在小孩"的疗愈，他很快就放下了"比较心"。之后，在下一个单元的学习中，他的学习效果马上就有所提升了。

我所做的，就是让他看到了"内在小孩"对自己的严苛。当他看见这个部分，并接受自己时，他的潜能就出来了。

对于孩子也是一样。学习是人的本能，潜能一旦被激发出来，自然而然就可以学得很好。

让自己变得与众不同

有了良好的心态,加上被激发的潜能,以及越来越多的自信心,人就会变得越来越与众不同。

在此,有两个关键点,需要大家留意。

1. 让自己放松,看见自己

人在放松的状态下,更容易学会新的东西。同样的智商,在放松的状态下听到一个理念或学习一个方法,会更容易掌握,因为此时视野正常,理解能力也在线。

相反,如果一直和别人比较,就会越来越紧张,越觉得自己落后,越觉得自己不行。特别是那些曾经在全班选拔中被淘汰,从而留下心理创伤的人,会更加害怕。这种比较带来的创伤会让他们更难学会新的东西。

要让自己放松,不要总是看自己的不足,要意识到自己比昨天已经有所进步了。就像我直播时一样,有松弛感,才能更好地直播。当然,松弛不代表松懈,该学的还是要学,该练的还是要练。

2. 对自己有认知,敢于承认事实

从我们成年人的角度来看,一定要对自己有一个清晰的认知。

有时候你已经竭尽了全力,尝试了很多次,但还是学不会或者处于落后状态。这时你可能需要思考,也许是你的选择出了问题,这件事情可能并不适合你做,我们必须承认这个事实。

我觉得学财务就很难，搞不清楚各种概念，看到报表就头疼。一定要逼着我去做不喜欢的事，这个过程会很痛苦。因此，**你要去做你擅长的事，去做你喜欢的事。付出同样的时间和精力，你会更容易脱颖而出**。注意，前提是"同样的时间和精力"。如果你刚尝试，就说我不擅长，不如别人，那你就对自己太苛刻了。

你需要对自己进行观察。第一步是放松，第二步才是尝试。尝试十次还不行的话，就需要思考一下自己是否适合。当然，千万不要过分否定自己，要肯定自己在尝试过程中的努力。**有时候，承认自己不行也是一种勇气。**

每个人都有自己的成长节奏，要学会接受自己的成长节奏。

当你对自己苛责过多，能不能试一试对自己的负面语言做一些调整？苛责自己的语言，你能不能把它挑出来？

单亲妈妈也可以拥有美好的人生

人生的改变意味着角色的改变。无论角色的变化是何种方向，它都是一种人生的选择，都是内心深处的声音。

现在的单亲妈妈越来越多，有的人成为单亲妈妈后自暴自弃，而有的人却可以活得很好。人生美好与否，关键在于怎么选择，而与"单亲妈妈"这个身份无关。

潜意识会创造自己的境遇

过往，有一种很主流的声音，认为单亲妈妈过不好。究其根本，其实又回到了集体意识的问题。集体意识认为，单亲家庭的孩子带不好，失去伴侣的人很可怜。当大家都这样认为，你也这样认为的时候，你就真的会过苦日子。

我们需要真正相信自己，单亲妈妈同样如此。**你不是受害者，不要有受害者模式**。像"我单身，好可怜""单亲家庭的孩子容易有心理问题"之类的想法，要从脑海中清除掉。因为，你一旦这样想，你的潜意识就会开始给你创造这样的境遇。

亲情、爱情、工作、友情当然都很重要，我并不拒绝。如果有合适的伴侣，我当然要去拥有自己的情感生活。可是，现实情况是，很多事情我们无法控制。命运让我们走上了这条路，处在这样的境遇中。

我并不鼓励单身，我个人也不是单身主义者。但如果你认为单身也可以活得很精彩，你就有机会活得很精彩。

让自己看到更多可能

那么，如何才能活得精彩呢？

1. 先接受结果，再谈其他可能

今天的结果就是这样，先接受这个结果，再看看自己有什么资源，想成为什么样的人，利用自己的资源去做你喜欢的事情就可以了。

"我的命太不好了，丈夫走了，妈妈也走了，孩子还这个样子，身体也坏了。"如果我每天都这样想，我不仅看不到希望，还会不断体验这种不好的感觉，那我的生活还有什么意思呢？

因此，我会先接受各种痛苦的结果，再去思考我能做些什么让自己好过一点？当然，理性地讲出来很容易，但真做的时候很难。可我必须这样做才能把自己从负面状态中解救出来。

永远要记住，能拯救你的只有你自己。 如果我连自己都不相信，就会紧闭双眼，非但看不到可能的机会和资源，还会不断地关注缺失的、丢了的、没有的，这会让我越想越痛苦，能量越来越低，越来越沉寂。越痛苦就越看不见希望，越受害就越觉得倒霉，情况也会变得越糟。反之，如果我相信一切皆有可能，我就能找到资源，吸引贵人走向自己，好事发生在自己身上。

2. 转念，不要把自己当成受害者

很多时候，并不是事情伤害了我们，而是我们看事情的角度伤害了我们。对此，我们需要转变观念，改变看事情的角度，不要把自己放在受害者的位置上。

当遇到问题时，先不要抱怨自己受到了伤害，而是先问问自己，我该做什么改变？我要找什么人帮助自己？这才是找到解决办法的最佳途径。

3. 不断学习，不断发现生命的更多可能

转念之后，为了找到解决办法，学习是必然的选择。以我自己为例，通过学习，我找到了我的孩子小时候总是哭的原因——缺乏安全感。孩子的感知能力是完全敞开的，能够感受到这个家的痛苦、悲伤。

我的家里充满了消极情绪，公公痛苦和自责，婆婆痛苦加埋怨公公，我又满是悲伤和绝望，随时想随丈夫而去。而孩子感受到了这些，他只能用哭来表达。

我现在做的工作，就是带领大家找到为什么，然后去解决。

当我看到我的学生和来访者们，从来的时候愁眉苦脸，到走的时候神采奕奕，就像换了一个人一样时，我的内在充满了激情和热情。这就是我喜欢做的事情，它很有价值。我不仅是一个人在做，还要带着更多人一起做。

大家一起学习，一起去发现生命中更多的可能。

觉得有希望的时候，内心就会升起力量

我有一个学生，她和自己的伴侣离了婚，孩子由她带着。她来找我的时候，内心非常痛苦。一是因为她在疫情期间转行，工作不顺心；二是因为她和伴侣之间摩擦不断，所以陷入了深深的创伤中。

她和丈夫是自由恋爱，两人本来十分般配，各方面条件都很好。可是她也说不清楚为什么，两个人就那样分开了。我帮她做疗愈，让她看见自己内在的问题，并引导她解决这些问题。

我和她讲，在婚姻中，每个人都要承担自己的责任，而不是在出现摩擦的时候，把责任完全归咎于对方，这样必然会导致一方在错误的旋涡里越陷越深。夫妻间的问题从来不是一个人造成的，双方都要本着包容的心，去理解彼此。

追本溯源之后，我发现，她小的时候，父母离婚了，妈妈一直一个人带着她。潜移默化中，她受到妈妈的影响，模仿了妈妈的行为。比如，她和妈妈一样，都很怀疑伴侣。一回家，她就要查丈夫的微信，查丈夫的电话，甚至在丈夫出差回来之后查看他的旅行箱。

第一章 | 破除人生信念障碍

这种怀疑,其实是在不断地向伴侣传递"我不信任你"的信息。长期被自己的伴侣不信任,丈夫肯定会失望,会难受。而这种不信任的背后,其实是她缺乏安全感,内在不自信的表现。

我帮她做完疗愈后,她开始发现,她是模仿了妈妈的模式,觉得眼中的前夫简直一无是处。

我们用专业的方法把这个模式剥离出来以后,她就清楚地知道,那不是她真实的想法。转念之后,她能看到前夫身上的很多优点,而忽略掉其很多缺点。

她发现,虽然曾经前夫和她摩擦不断,可是他至今都很关心她,对孩子也很负责,在各个方面都很愿意支持她。所有的摩擦都不过是一些鸡毛蒜皮的小事,只要双方有良好的沟通,一切都会变好。

当她的情绪变了之后,怨恨也随之减少,萌生出了感恩之情。这时,她的脸色变得红润,能量状态变得饱满、积极。整个人显得精神抖擞,看上去充满了正能量。

至于工作上的事情,她也能客观地看到自己的长处和短处,情况有了好转。

她对我说:"我还很年轻,我的工作很好,朋友也很多。"有了这种念头,她开始变得自信,感觉生活充满了希望。

一旦有了希望,就有了前进的方向。有了方向,内心就有了力量。无论你是什么身份,无论身处什么境遇,都会有这样的感受。即使是单亲妈妈,一样可以活得很精彩。

请相信,你值得拥有更好的生活。

自信源于自我肯定,即使没有他人肯定你,你也一定要肯定自己。

| 第二章 |

修炼自己，成长是
一场蜕变

接纳不足,拥抱不完美的自己

这个世界上没有十全十美的人,也没有全是缺点的人。每个人都是不完美的个体。

就生命而言,每个人都是"完美"的

一个人,哪怕缺少一点点条件,都没有办法诞生在这个世界上,成为今天的自己。我们的生命本质上已经具备了父母的孕育、适宜的温度、安全的成长环境的支持。

虽然每个人的成长环境可能不同,有些人物质条件好一些,有些人精神层面更丰富,有些人父母都健在,等等。但从生命的层面来看,只要我们能够活下来,就是一个"完美"的生命。

当然,人与人之间的差异是毋庸置疑的。每个人都有优缺点,有擅长或不擅长的。然而，究竟谁更好？这是没有标准答案的。我们先承认这个事实，然后发挥自己所长就行了。

这就像世界上没有两片叶子是一模一样的，很少有人会说这片叶子比那片叶子更完美。这个世界丰富多彩，我们就像不同的叶子、不同的花朵、不同的果实，有相似的部分，也有明显的差异。

比如，你是苹果，就无法像榴梿一样大；你是榴梿，表皮就不会像苹果那样光滑。

可是，苹果就一定比榴梿好吃吗？樱桃比西瓜小就一定不好吗？当然不一定。

不存在完美这件事情，也不存在不完美这件事情，这些是人对自己、对他人的定义，掺杂着自己的主观看法。每个人都有自己的特质，用对了地方，就是优势；用错了地方，就是劣势。

我比一般的女孩子都要高很多，身材高大，就像男人一般。我很难像那些娇小的女孩子一样小鸟依人。在很多人眼里，我也许无法表现出娇小玲珑的柔美，确实，这一点可能是我不太"完美"的表现之一。但是，这并不影响我成为自己，成为一个有特点的女人。当我们能够坦然地接受自己的"不完美"时，就不会再感到拧巴和难受了。

我从小就因为个子比同学高而感到自卑，不喜欢排队，也不喜欢拍集体照。直到今天，我依然不喜欢拍集体照，每次讲完课大家要拍集体照的时候，都需要别人提醒我。

不过，我也发现了让"不完美"变"完美"的方法，就是拍集体照的时候，我会坐一个高凳，这样我就不会比很多人高一大截儿了。

这解决了一个困扰我很多年的问题。

因为个子高，我过去很害怕别人问我"你结婚了吗？""孩子爸爸一定很高吧？"之类的问题。但是今天，我已经学会了接受这些"不完美"。这是我父母给我的，我就是这样子，我也喜欢我自己的样子。

还有一个问题就是我是单身，我失去了伴侣，最初这让我很痛苦，也感觉很"丢脸"。我也觉得很奇怪，我并没有做错什么，但就是会感到难为情。

全然接纳自己，活出自己的样子

每一个人都应该学会接受自己的一切，做独一无二的自己。

我最初学习接纳这些"不完美"的时候，对我帮助最大的是我的父母。他们虽然文化程度不高，但他们拥有出自本能的爱与善良。比如，我从小就比同龄人个子高，脚也比一般人大，很难买到鞋。有人就会笑话我，说女孩子脚大不秀气。我父亲却笑眯眯地对我说，脚大站得稳。再如，我小时候，家里没有洗衣机，衣服全靠手洗，我就很怕洗床单、洗窗帘。我母亲发现我很不喜欢手洗东西，并没有像其他家长那样说我懒，而是对我说："等我闺女将来结婚，妈妈一定给你陪嫁一台洗衣机。"

父母讲的都是非常朴实的语言，但对于我的心灵来说，这是一份宝贵的认可。我能从中感受到，他们对我是全然地接纳，他们是非常爱我的。

后来，我学了心理学，再用我的专业去回顾父母做的事，我发现其实他们非常懂教育。他们的做法让我变得更加自信，让我更有勇气正视自己的某些不足。

随着对自己接纳程度的提高，不完美带来的痛苦会越来越小。

当年，我患有腰椎间盘突出，尝试了按摩、服药、针灸、理疗等方法，都没有效果。最终，只能选择手术治疗。当决定做手术时，我因为腰椎长期压迫神经，小腿肌肉已经部分萎缩了。我当时寄希望于做完手术就会变好，现实却是，手术之后，腿部肌肉没有恢复，走路受到了一定的影响。

年轻时，我很爱美，还做过模特儿，而现在走路时的别扭感给我的心理带来了影响。它让我很害怕走在别人前面，更不用说站到舞台上了。腿的问题甚至一度成了不能提及的话题。如果有人问我，你的腿怎么了？我会很尴尬，甚至很烦躁。

随着不断地学习，我对自己的接纳程度越来越高，在各个方面也展现出更多的天赋和才华。直到今天，我的小腿肌肉还是萎缩的，可是它对我的影响已经变得很小了。

这个转变，当然不是一蹴而就的，是个循序渐进的过程。

在这个过程中，我很感谢一个人，他就是我当年的男朋友。

谈恋爱的时候，大家会比平时更加在意自己的形象，我也是如此。在这种很亲近的关系里，我会表现出很多的焦虑，唯恐男朋友对我不满意。

他却告诉我，不用担心，这没什么。这一点点的肌肉萎缩，根本遮挡不住你那么多的美好品质。你的善良、你的爱心、你的智慧、你的魅力，一点儿都不受影响。

我要感谢他给了我这样一份肯定、一份支持，让我不再那么在意自己腿部的问题，让我可以更自信地活出自己的样子。

完美是个假象，不必过分在意

如今，我基本不会去想完美不完美这件事。因为我觉得，所谓的完美，不过是个假象。一个人，也许在某些方面看上去很好，但他一定也会有很多事情做不到。

比如，他的思维很快，逻辑能力很强，但可能情感不够细腻，或者，他可能情感很细腻，但缺乏决断力。这些不完美，都是有可能存在的。

这个世界本身就是阴和阳的结合体，有完美，必然也会有不完美。就像地球上有白天有黑夜，有冬天有夏天，会晴天也会下雨，所有的要素加起来，才是一个完整的世界。因此，我们不需要去想完美这件事，不必让自己做一个完美的人。我们只需要更好地做自己就可以了。如果你是个西瓜，就做一个最漂亮的西瓜、最可爱的西瓜、最美味的西瓜就行了，完全不用去想如何成为桃子。你只需要做最好的自己，不用成为别人。

我有一个学生，也是我的来访者，年轻时非常漂亮。但她总是认为自己不好看，于是做生意赚到钱以后，成了中国最早一批整容的人。她先整了眼睛，然后是鼻子、下颌骨，还做了各种微整，包括身材。每次整完后，她身边的人包括她自己都觉得没有之前好看。但她还是忍不住一次又一次地去整容。

当她再一次想去整容，内心很矛盾时，来找我咨询。我用一对一系统排列带着她去"看见"冲动背后的真相，看见了自己的真实需求。实际上，她想整容的背后，是她对生活中其他事情的不接受，想改变这些事情的外显行为。

比如，父母生病，她想帮助他们，却又无能为力。于是，她只能尝试做一些自己能够掌控的事情。就这样，整容成了她最容易的选择。这个潜意识的逻辑和我们的生活逻辑非常不一样。当她看见这样一个潜意识的逻辑时，瞬间就清醒了。

后来，她跟随我学习心理疗愈，也做了个案，对自己的接纳程度变高了。有一天，她突然来找我，说想把之前填充的东西取出来。我又引导她思考，为什么一定要把东西取出来？是不是因为她在很多事情上无法做决定，无法做主？她再一次确认，确实是感觉整形是她少数能够自己做主去改变的事情。她想掌控自己的生活，拿回掌控感和决定权，所以宁可冒这个风险。

这是一件大事，她来找我咨询，是希望我能帮她做出决定。当我用专业的方法帮她做出分析之后，她马上就放弃了这个想法。因为取出来的风险比注入时的风险大得多。

我想说的是，**完美不完美，就在我们的一念之间。当我们面对不完美的时候，要学会接纳自己，不要总是想着去改变。**

当你想拼命追求更完美而内心不胜其累时，不妨问问自己，这个不断挑剔自己的模式，有没有给你带来什么好处？

远离消耗你的人

接纳自己，接受的是自我。 在自我之外，身边的人和事也是很多人自我封闭的原因所在。我们经常会被负能量影响，造成内耗。比如，同事、家人总是指责抱怨，网络上的负面信息充斥着你内心的"屏幕"。

内在变化了，圈子就跟着改变了

过去，我在老家时，身边的朋友们在一起聊天，不是公婆不好，就是老公不好，再就是羡慕身边的有钱人买了多少套房子，孩子上了什么名校；处处都是自己家很糟糕，自己如何不如别人。这样的表达，于自身而言真的没有一点滋养。

每天接收这样的信息，我也会受到很多影响，总是觉得自己不如别人好。在开始学习心理学和自我成长之后，我的内在开始发生了变化，能量也跟着改变了。我发现，我变了，来到我身边的人也变了。

以前那些抱怨、冲突的人、事、言论，如今很少会给我带来困扰，即使偶尔有人发发牢骚，也不会对我产生影响。

这是一份难得的能力，是学习给我带来的好处。**我们真的很难改变别人，但是完全可以改变自己。**学习还能帮我们改变自己看待别人的角度，消除别人对自己的影响。

最初学心理学那几年，我经常出去学习，家人不理解，一度怀疑我是被什么人洗了脑。我能理解他们的想法，但我还是坚持改变自己。只要我知道自己想要的是什么，他们的言论就不会对我产生影响，不会让我产生内耗。

所谓"如如不动"，就是要时刻保持内心的平静、镇定。我要做的，就是坚持做正确的事情，而不受亲情、舆论等其他外在因素的影响。

感受自己被消耗的能力

一个人心智不够成熟、内心不够强大时，就容易被别人影响；一个人心智成熟、内心也足够强大时，就能影响别人。如果你很容易受伤，别人说什么你都能受伤，就说明你需要提升自己的心智和心力。

容易受伤的人，内心往往很脆弱。如果你经常因为别人说的话而感到很难受，就说明你正在被消耗，这往往和你的成长经历及童年创伤有关。反之，如果你听到了别人的言论，只吸收对你有帮助的，排除掉对你没滋养的，内心不会难受，这说明你不容易被他人消耗。

容易受伤的人，往往是内在就觉得自己不好，对自己很不自信，内心深处认为别人不喜欢自己，当有领导、同事指出你的某些工作失误时，你就会很容易愤怒、难过，感到受伤。在日常与人相处时，也不愿意听取别人的建议，觉得别人是在和自己对着干或看不起自己。

反之，如果你内在很自信，拥有成熟的思维能力，知道每个人都有自己的盲区，那么，当你听到不同意见时则不会马上有负面情绪，而是运用自己的判断力先衡量一下，能够客观地看待别人的意见和建议，反而更能趁此机会迅速成长。这样，每一次听到不同意见，都是自己学习成长的机会。如果有人能在很大程度上消耗你，可能是因为你自己有所欠缺。也许你本身就在消耗自己，所以在这方面有所不足。

或者是，你对自己的接纳程度不够。如果你对自己的接纳程度很低，很多事情就会让你觉得不顺心。你对自己的接纳程度越高，越容易坚信自己的选择，也更容易接受他人合理的建议。

总之，你会被消耗，都是因为你自己太弱小、太不自信。努力成长自己，慢慢变得强大，你就不会被别人消耗了。

远离那些消耗你的人

通常来说，哪些人是需要远离的呢？是那些经常觉得自己不好、对自己很挑剔，觉得自己什么都做不好，总是自责的人。

第二章 修炼自己，成长是一场蜕变

还有一种很特殊的情况，是家长们需要格外留意的。中学生经常会遇到一种棘手的局面——校园霸凌。霸凌带来的消耗比其他方式的消耗可怕得多。

常见的霸凌有身体上的霸凌，也有精神上的霸凌。除了肉体上的伤害，还有语言方面的欺凌，如"起外号"。

我遇到过一个中学生，他遭受的痛苦在很大程度上就来自同学们给他起外号。这是一种负能量，给他带来了极大的困扰。对于这样的孩子，我给出的解决方案，就是引导他表达自己的感受。比如，我会引导他和那些给他起外号的同学交流，让他告诉他们："你们这样说我，我觉得很难过，也很不喜欢。请你们不要这样说我。"

对于这样的事情，一定要主动采取措施。有没有解决是一码事，有没有行动则是另外一码事。大家都是同学，没有刻意的恶意。他这样表达之后，同学们基本就不再用外号叫他了。如果真有那些所谓的坏孩子，依然我行我素，那最好的办法就是向家长求助。这个时候，家长要保护孩子，要去和校方交涉。

这件事情已经给孩子带来了困扰，甚至带来了心理上的创伤，家长一定要求学校用最快的速度、最恰当的方法解决。如果解决不了，那就要采取法律手段了。

无论你采取何种选择，当你觉得被消耗时，都不妨问问自己，如果一个人对自己的接纳程度最高是 10 分，你给自己打几分？

克服恐惧，跳出舒适区

减少了外在的消耗，就可以专注于自我的修炼。在蜕变的过程中，大家往往会提到一个很重要的词——"舒适区"。

至于要不要跳出舒适区，要看舒适区对自己的影响。一提到舒适区，很多人会产生一种错觉，觉得它肯定是指在一个舒适的空间做舒服的事情。比如，窝在沙发里看电视、吃零食。实际情况并非如此，舒适区和舒服是两码事。有的人，一刻不停地干活是舒适区；有的人，病恹恹是舒适区；其实很多人的舒适区是"待在熟悉的痛苦里"。

心理学上的舒适区，指的是熟悉的环境、熟悉的境遇。它也许不一定舒服，但对于某些人来说是舒适区，就像"温水煮青蛙"。

舒适区未必都是良性的环境。比如，有的女性被男性家暴、精神控制，她习惯了这种方式，这就成了她的舒适区。结婚二十年了，每天都被打，那么抱怨老公，她为什么不离开？自己有工作，能养活自己，为什么不离开呢？可以离婚，为什么不离？因为旧的模式是她的舒适区。对于她来说，走出来就意味着要从熟悉的环境跳到不熟悉的领域，而面对未知，人会有本能的恐惧。

对未知的恐惧，是动物的本能

我们天生就有"恐惧"这种情绪，在某些限度内，它对人是有保护作用的。比如，凌晨的时候女孩子可能不会一个人去户外夜跑，她会本能地害怕。这种对危险的恐惧，反倒对她起到了保护作用。

可是，如果恐惧的情绪过多，这也不敢做那也不敢做，就会错失很多机会。这种程度的恐惧是一种创伤，是需要接受专业的咨询和疗愈的。

当失去丈夫时，我对未来是恐惧的。因为它打破了我熟悉的环境和模式，我不知道未来该怎么办，不知道我的人生该怎么走，不知道未来的生活该怎么过。

我虽然很痛苦，但不得不去改变，因为我要对孩子负责，要对家庭负责。

改变的勇气，是被逼出来的

家庭治疗大师海灵格讲过：痛苦比改变容易。因为痛苦的环境、经历是熟悉的，而改变则需要去一个完全没经历过的未知领域，这是需要勇气的。缺乏勇气，就会让自己一直陷入痛苦之中。

怨妇就是这样，每天抱怨老公冷暴力，抱怨老公对自己不好，抱怨孩子只有自己一个人在管，抱怨老公是"甩手掌柜"，对家庭不负责任，抱怨公婆不喜欢自己……她知道自己有很多不满意，为什么不改变呢？因为她没有勇气。经常抱怨的人，他们内心的自我身份是"受害者"，他们认为自己没能力改变现状，只能默默承受。

当然，我并不是建议这样的女性必须离婚或者怎样，我没有任何的倾向性。我只是想告诉大家，与其每天浪费时间去抱怨，为什么不去做点什么？比如，你可以去学习，可以对伴侣提出要求，或者努力提升自己，不依赖别人，可以发展自己的圈子。如果你做了很多努力，都是无效的，那你还有最后的选择，可以离开他。其实，无论任何时候经历了什么，你总有选择权。

一个朋友向我咨询，说她对现状很不满，她的熟食店地理位置偏僻，一天也没几个人从门前经过，生意很不好。因此，她每天都很焦虑，特别想改变现状。

虽然我对她的行业不是很了解，但从行业通识来说，我知道她这种经营方式是不对的。于是，我在自己的能力范围内给了她一些建议："你可以开直播，哪怕只有十个人看，他们也都有可能成为你的客户，网上直播也不受地理位置影响，而且我品尝过你家的卤味，味道很不错，用的原材料也都是很好的，如果你开直播，我不仅自己会买还可以帮你在朋友圈发。"

我很真诚地告诉她应该怎么发朋友圈——你要发你的产品，发制作的过程，甚至在直播的时候，你可以在前面播，你老公在后面煮那些很美味的食物。

网上有那么多人在带货——卖馒头的、卖水果的，甚至是卖炒饭的，看上去都很不错。我自己也经常在网上买吃的东西。你只要学着他们的样子，试试看，总会有机会。

听我讲的时候，她很赞同，表现出很强的愿望。可是，真要采取行动的时候，她却什么都没做。我微信里几乎每天都会接到一些求助咨询，孩子叛逆、抑郁，伴侣关系疏离痛苦，当我给他们建议，如可以学一些改善亲子关系、改善伴侣关系的课程时，就没有下文了。

我们永远无法叫醒一个装睡的人。一个人的改变，只有当自己觉醒时才能实现，别人也才能帮上他。

很多人之所以不愿跳出舒适区，其实有两个原因。

第一个原因，不知道自己处于舒适区。

这样的人，没有从中学到经验，或者他们没有意识到自己需要改变。

第二个原因，缺乏勇气，不敢尝试，害怕未知的发生。

这样的人，也许在成长过程中经历过失败，潜意识害怕再次失败，所以宁可在熟悉的痛苦里不出来，因为那是他的舒适区。有些失败的经历来自家族，在家族基因里，这是一种代际创伤，需要找专业的心理疗愈师处理。

有时候，勇气是被逼出来的。有些人在被逼到极限时，可能会被压垮；而有些人则能够跳出困境，甚至激发出自己的潜能。

如何做出心理改变

关于改变,关于走出舒适区,如果想要一点建议,那么,请参考以下几点。

第一,改变是自然而然的过程。

如果已经很努力了,但结果仍不满意,其实就需要改变了。你的舒适区(原有模式)已经不再适合你了。

第二,要学习,要与时俱进。

世界是不断变化的,犹如逆水行舟,不进则退。如果你不与时俱进,时代就会把你抛在身后。出来走一走,看看世界的变化,看看别人在做什么。了解一些你从未涉猎的领域,学习一个从未尝试过的新技能,认识一些不一样的人,这样的改变就是从舒适区中跳出来。改变才是人生常态,这应该成为我们做事情的一个信条。

第三,意识到信息茧房。

很多人根本不知道信息茧房的存在,也不知道自己在信息茧房里,更不知道自己在舒适区里。接触的领域太小了,很难去适应变化。

如果一个人长期处于某个环境中,他也想寻求帮助,就可能需要找到一个心理咨询师。心理咨询师可以带领他跳脱出自己原来的意识,帮助他建立新的习惯,让他重新与外在世界建立联系。

但是,这种咨询只是偶尔的一次效果,可能会反复,一般我建议每周一次,持续做一段时间,周期性的陪伴式咨询能帮助人建立新的意识，改变情绪模式及行为习惯。

当一个人能够意识到信息茧房时，这个人的状态已经超越了很多人。

当然，也有很多人知道信息茧房的存在，只是没有勇气走出来。

不自信就是害怕自己做不好，害怕别人笑话自己。他们已经有意识了，但不敢去做；他们相信自己能做好，但害怕失败；他们不知道有多少人也经历过害怕，但被这种情绪打败了。

比如，我第一次讲课的时候很害怕。但现在讲课就不会再害怕了，因为我已经熟悉了。做了很多次之后，这个领域已经成了我的舒适区。也就是说，**当我们把正向的痛苦、积极的痛苦建立为一种习惯时，我们就不会觉得害怕了**。当改变迫在眉睫时，我们就需要摆脱这种熟悉的环境。

有些人就是败在了第一步，他们被恐惧打败了。他们有一些人生经历或者曾经失败的经历，会不自觉地放大自己的恐惧。这样的结果是，他们在行动之前就已经失败了。

我总是说，**带着恐惧也可以向前走，这就是勇气**。你尝试过哪些不熟悉的事情，并让你从中受益呢？

自信一点，就能看到更多可能

很多人在开展一项新工作或需要做出选择时，会心生恐惧。这不仅是因为缺乏自信不敢去做，还有更深层次的原因，这些害怕失败的恐惧往往源自这个人的原生家庭和成长经历。

我的工作就是与人交流，帮助别人去发现问题、解决问题，协助他们变得更好；或者是我有机会发现他们的问题，并找到内在的原因，然后去帮他们一一解决。

自信的人更容易做决定，相信自己的人更容易相信别人。我做决定很快。为什么？因为我相信自己的判断力。这也就意味着，我相信自己选择的人和事。

自信形成的路径

自信的形成并非一蹴而就，需要过程，也需要方法。

第一个方法，能力被肯定，会变得自信。

自信首先源于能力得到肯定。而能力则来自我们对某件事的尝试。当我们对一件事情感兴趣并想去尝试的时候，就可以展开行动。比如，我对演讲感兴趣，发现开直播似乎是个不错的选择。我先有了兴趣，然后开始储备和琢磨。储备够了，我就开始尝试。

在尝试的过程中，可能会有两种结果。一种是成功，大家都觉得我讲得好，我对自己的表现也很满意。还有一种可能就是失败。比如，灯光、话筒没准备好，或者我对着视频不敢讲，匆匆结束直播，大家认为这是失败的。但是，失败也是经验。

通过这些经验，我可以获得一些能力。下次再直播的时候，我就知道要处理好灯光、话筒等问题，稿子也知道怎么写了，我还明白了互动的重要性。

这些能力得到肯定后，就会变成对直播这件事的自信。我在这里说的"自信"，包括他人的肯定和自我肯定。他人的肯定来自看我直播的人："老师，您讲得真好，我受益匪浅，很有用。老师，您什么时候再开直播？"自我肯定，是我觉得自己今天表现得不错，虽然只有半小时，但讲得很流畅。

我因为尝试做直播而从中获得了一些经验，然后，这些经验得到了肯定，就形成了自信。那么，刚才提到的失败经验，该如何肯定呢？很多人可能会说"我不是直播这块料"，或者找各种理由否定自己。

我们做直播时，不要事事都要求完美，也不要次次都要求完美。我们要学会充分肯定自己。虽然这次做得不够好，不像那些很会直播的人，但我尝试去做了，这已经比很多人强了，我突破了零的限制。而且，我已经直播了一次，这就是能力。下次再直播的时候，我就可以准备得更充分，将形象、服装、灯光、话筒、网络都提前设置好，这也需要经验的积累。

这样，我就有了一种总结的能力：在一次次的直播中总结经验，不断提升自己。不管直播中出现了什么不尽如人意的地方，我都不急着否定自己，而是先肯定自己，认可自己的付出和努力，然后再去寻找改善的方法。这样，在下一次直播的时候，我就可以规避掉以前出现的问题，让自己的状态更好。

人真正的自信来自无数次的尝试、经验、能力、肯定。各种事情，如直播、做菜、旅行、演讲，我们都可以做得很好。

总结起来就是，自信的形成有这样一个路径：有兴趣—尝试—成功经验或失败经验—能力—被肯定（他人肯定和自我肯定）—自信。

第二个方法，自爱、自尊。

自信的人会自然而然地爱自己、尊重自己。他知道，只有先照顾好自己，才有能力去照顾别人。

只有对自己爱得足够多，给自己的能量足够多，才能把爱传递给更多的人，才能影响更多的人。

第三个方法，形成自我价值。

一个人，有了自信、自爱、自尊，就会形成自我价值。

自我价值就是你如何看待自己，或者觉得自己有多少价值。自我价值越高的人，越敢于尝试新事物，越容易突破舒适区。新事物尝试得越多，就会获得越多的经验和能力，肯定也会更自信，也就更敢于尝试。这是一个正向循环的过程。如果孩子在成长过程中得到足够的肯定，便能培养出足够的自信、自爱和自尊。

在日常生活中，一个成年人"言必信，行必果"，既能获得他人的信任，也可以增强自己的信心。

不自信对自己的影响

不敢尝试意味着失去积累经验的机会，进而加剧不自信。许多人或许因此错失了很多可能性。当然，我会愿意在尝试一件事情前做很多准备工作，因为做了，就可能成功，哪怕失败了，也能总结经验再做，这也是我一路走来的方式。

我从小就是一个不善言辞的人。作为家中的第五个孩子，家中事务鲜有发言权。哥哥姐姐们善于表达，无人询问我的想法。我认为自己不会表达，他人也未曾认为我擅长表达。在一次学习中，我意识到老师是我理想中的榜样，但第一反应是"我做不到，我不会讲话"。

我的人生有办法：做自己的心理疗愈师

刚学心理学的时候，我们要围成一圈自我介绍，一个班有二十几个人，轮到我时，我已汗流浃背，双腿颤抖，这就是不自信和恐惧的表现。我明白，如果我想成为那样的老师，这种状态就必须改变。

经过几年的心理学学习，我已经能够胜任一对一心理咨询，但公开讲课仍令我望而却步。后来，我与朋友一起开了公司，我终于有了一次机会。我在公司召集了一些人，进行内部免费讲课。前一晚，我一直在紧张备课，生怕自己第二天不会讲，于是督促自己做更多的准备。

第二天，当我真的上台讲的时候，个人感觉还不错。然而，讲到一半时，会场突然停电，话筒不响了。是否中断讲课，等待电力恢复？

突然间，我感到内心有一种激情在涌动，有一股力量驱使我继续讲下去。只是受困于外部环境，我的内在只好按下了"暂停键"。那一刻，我才发现，我可以讲，而且很爱讲。这是我第一次意识到自己的讲课能力。

我从未想过自己会成为这样的人。如今回顾，当时的表现或许并不出色，但当时自我感觉良好，朋友们也给予了肯定。

从那以后，我逐渐增加讲课次数，从5人到10人，再到20人、50人，如今已达500人。我收到的正向反馈越来越多，自我感觉越来越好，也越来越敢讲。当然，从小白到导师的过程中，难免遭遇他人的不认可和自我怀疑，但重要的是相信自己可以通过学习不断进步。

其实，真正的自信正是在自我怀疑与自我肯定的反复中逐渐形成的。

从自卑到自信

对于不自信的人，我有几点建议。

1. 做擅长之事

一个人在擅长的领域更容易成功。一次次成功的积累，可以换来越来越多的自信心。

2. 从小事做起

若对某件事想做却不敢做，则可先尝试一小步，行动起来。只要行动就会获得经验。

3. 多尝试，多肯定自己

通过数量积累自信。很多事情，做了不一定对，也不一定有正向反馈。但没关系，失败也是一种经验。不要过度关注结果，而要肯定自己在过程中的努力。

记住，自信源于自我肯定，即使没有他人肯定你，你也一定要肯定自己。哪怕全世界都不相信你，你也要相信自己。

当你对自己产生怀疑时，一定要问问自己：你对自己的肯定多还是否定多？哪些承诺你做到了？

别让习惯性讨好拖垮你的一生

我们都知道,自信是一件很难的事。恰恰因为不自信,很多人才会听从别人的建议,在生活中习惯性地讨好别人。

有好处,才会习惯性讨好

为什么会习惯性讨好别人呢?我们可以试着找找答案。比如,一个人习惯性地讨好朋友、伴侣、同事或领导。一起活动时,他主动买单;工作时,他承担最多。讨好的结果,可能是他人更愿意与他相处,更喜欢他,更需要他。对于他来说,这是一种好处。

然而,过度讨好也会带来问题。比如,不敢拒绝别人,缺乏主见。如果长期以"让别人高兴"作为自己的价值,就会导致自我迷失,进而产生不满和抱怨的情绪。

这种连锁反应难免对人际关系产生负面影响。习惯性讨好的人可能会跳出现有的圈子，寻找新的朋友。但若不改变讨好的习惯，最终仍会陷入相同的境地。

有一次，我们举办了一个论坛。我在会场讲的是"情绪管理"。我的另外一位老师观摩后与我交谈，令我受益匪浅。他说，作为一名心理学老师，需具备共情的能力和温和的态度，但并非一味共情与温和，在需要明确观点时，应果断表达。

他提到，我的身体语言、语气和表达方式，都在传递着一种"讨好"的信息。给听众一种过度讨好的感觉。这种讨好或许会吸引来一部分人，认为我温和、没有架子，但也会限制自己的受众范围。尽管我是完全无意识的，但他的话对我是一记警钟。

总之，讨好别人，一定是希望从别人身上获得一些好处。可是为了好处需要付出多少代价，是需要深思的。

疗愈与父母的关系

讨好伴侣、讨好孩子如同"复印件"。"原件"是与父母的关系。要改变习惯性讨好，必须从"原件"入手。"原件"改变了，"复印件"自然也就改变了。

有的孩子因家庭结构的关系，从小就习惯性讨好父母。比如，在多子女家庭中，中间的孩子往往既不受宠，也不被期待。他们会通过表现乖巧、做家务等方式博取关注和爱护。这种人际关系模式会复制到其他关系中,只要他内心重视某个人,便会本能地使用讨好模式。即使他知道这样有问题,也很难改变自己。这是因为他的"内在小孩"曾经就是通过讨好获得重要亲人的爱,如父母的爱。要改变讨好行为,他需要疗愈与父母的关系,疗愈"内在小孩"。

一位来自内蒙古的中年女性因"时间和精力不足"来找我咨询。她有太多事情需要做,导致没时间做自己想做的事。她忙于处理各种事务,甚至小叔子的岳母住院,她也要放下手头事去帮忙。婆家大小事务,她都必须亲力亲为。

之所以这么远的亲戚都找她帮忙,是因为她过去的表现传递了一个信息——她愿意这样做。为什么会这样?因为,在原生家庭中,父母重男轻女,一胎得女后,父母又期待二胎是儿子,结果她出生了,作为第二个女儿,她便成了"多余的人",是最不受重视的孩子,也是价值感最低的孩子。为获得父母的喜爱,她从小就形成了讨好型人格。

如今,她通过过度付出证明自己的价值,甚至超出自己的精力、体力和能力。她抱怨婆家事事找她,自己疲惫不堪,带孩子也是心力交瘁。然而,即便内心充满怨恨,她仍不敢拒绝。

以她的年龄和阅历,一定知道自己可以不用管那些事,既然她有这个判断力,但为什么做不到呢?因为在她潜意识中的"内在小孩"希望通过讨好父母获得爱与接纳。当她意识到习惯性讨好已经给她带来困扰,如时间和精力的问题,内心感到不公,不愿再如此时,她可以静下心来,闭上眼睛,手放胸口,呼吸放松,去感受潜意识中那个喜欢讨好的自我。当她愿意这样做的时候,她会看到一个讨好父母的孩子，或感受到一种情绪。

此时，她可以对自己说："我看见你了，我知道你希望得到父母的爱。我看见你了，我接受你。父母是爱你的，他们把你带到这个世界，就是爱你的。"

如果对父母说不出这句话，可以降低要求，对自己说："我爱你，无论你是什么样子的，我都爱你。你不需要讨好任何人，我完全接受你，你不用去做很多，我也爱你。因为你就是我，我就是你。"

当你能够和内在的自己对话，向自己表达爱的时候，你的讨好模式就会逐渐改变。

温和而坚定地拒绝他人

很多人像前文提到的那位女士一样，不知道如何拒绝，总觉得拒绝等同于伤害，好像必须用严厉的语言甚至愤怒的态度，才能表达"拒绝"的意思。

实际上，拒绝并没有那么难。相反，一味地接受才是对自己最大的伤害。有一种态度叫作"温和而坚定"。你不用发脾气，只需要很温和地告诉对方："我不想做，不好意思，现在我没时间。"你可以带着微笑，温和而坚定地表达，不带任何负面的情绪。

如今的"95后""00后"，大多如此。作为独生子女，他们的父母文化水平较高，无须过度付出就能得到爱，因此他们不会讨好他人，他们的拒绝也很直接。

习惯性讨好的人可以多与年轻人交流，感受他们的思维方式。

讨好型的父母会影响下一代，因为他们总是试图满足孩子的一切需求。他们害怕说"不"，担心孩子不高兴，过度关注孩子的情绪而忽略规则和界限，这样的父母容易培养出依赖性强、缺乏独立性和责任感的孩子，这样的孩子只关注自己的感受，未来的人际关系和社交能力也会受到影响。即使成年后，他们也容易依赖父母，难以独立生活。

在原生家庭中，父母应给予孩子真正的爱，而不是一味讨好。真正的爱不是事事顺从，而是教会孩子担当和成长。一个得到父母尊重的孩子会善待他人，但不会形成依赖型或讨好型人格。

切记，友好和讨好是两回事。你不需要讨好，一样可以获得别人的爱。

当你想赢得别人的爱和尊重时，也可以反问自己：除了讨好，你还可以做些什么来实现这一目标？

静下来，保持平和的状态

在生命成长的过程中，我们会遇到许多困难，这时很容易心情烦躁，难以静下心来。

为什么静下心来如此困难

现代社会纷繁复杂，大多数人很难静下心来，稍一安静，就会感到心慌、无所适从，于是通过不停地刷手机、上网购物麻痹自己。一个静不下心来的人，身体容易出问题，精神也很难集中，遇事容易冲动急躁，把事情搞砸，把生活搞乱。可是，我们为什么静不下来呢？

当一个人内心对过去发生的事感到内疚、后悔或心存怨恨，对未来的生活充满焦虑和担忧时，就无法专注于当下，自然难以静下心来。

真正的静，来自内心。静不下心来，源于内心的认知维度问题。当一个人将物质享受、名誉利益视为追求的目标时，物欲会遮蔽内在的智慧，欲望将成为你的主人。人被欲望驱使，自然难以静下心来。

当一个成人内在未完全成熟，仍像个孩子时，面对超越自己能力的事情，也会感到慌张、难过、阵脚大乱。如何遇事不慌，不被物欲遮蔽？其实，真正的平静源于不断学习和提高认知。只有通过更宽广的视角和更开阔的视野看待问题，才能带来真正的平静和专注。跳出欲望的束缚是解决问题的关键。我们要自在地活，而不是戴着各种枷锁而活。

孩子上小学时，我去开家长会，老师告诉我孩子又没完成作业，还有各种问题。我的焦虑和痛苦瞬间涌上心头。我越想越害怕，担心孩子未来没出息、没前途，回家后便责骂甚至打他。

如今回想，家长打孩子其实是一种无能的表现。家长无法接受现状，又无力改变，于是试图通过暴力改变孩子。

后来，我学习了心理学和家庭教育，意识到打孩子是不对的。我开始尝试用心理学的方法引导孩子。更重要的是，我的内心逐渐成熟，内在力量增强，内心变得平静，懂得如何爱孩子。孩子也随之改变。这些年，孩子是我的引路人，他的各种状况都让我看到自己的恐惧与局限，促使我不断突破和成长。

静生定、定生慧，当我们内心充满智慧，自然知道何时该做何事，心也会更加安定平静。

静不下心来的四种情况

导致我们无法静下心来的情况,主要有以下四种。

第一种情况:面临大事时,过度的压力会导致人静不下心来。

一个人遇到重大事情时,静不下心来是很正常的。比如,家人生病了、亲人安危受到影响时,焦虑和着急都是正常的。

我们要做的是帮助他想到解决的办法。当他有能力解决这件事情时,情绪自然会变得平和。

第二种情况:长期静不下心来,也许正经历着创伤。

有些人长期处于焦虑的状态。例如,我妈妈去世后,我爸爸就是这样。

他很难在椅子上坚持坐够五分钟,总是站起来走动或做其他事情,然后回来坐下,不停地抖腿。五分钟后,他又站起来去做其他事情。以前,我爸爸很喜欢做饭,但那时,他根本没心思做一顿饭。这种状态持续了半年多。

我妈妈去世之后,我也处于巨大的痛苦中,不能理解爸爸的行为,甚至责备他,让他安静坐一会儿。大家都心烦意乱,无法相互理解。

如今,我明白了他那时正在经历人生中的巨大伤痛。他反常的行为背后,是焦虑,甚至恐惧。

他不知道如何面对失去妻子的痛苦,也不知道未来的人生之路该怎么走。

有些孩子静不下心来，是因为在家庭或学校中经历了一些伤害性事件。例如，父母长期争吵、校园霸凌等。当孩子有恐惧方面的创伤时，外在行为就会表现得狂躁易怒，静不下来，这种情况需要找专业的心理老师介入，帮助孩子疗愈创伤。家长也需要做出改变，甚至接受心理咨询。

第三种情况：家族遗传带来的暴脾气。

静不下心来的源头，也可能是自身的成长经历，甚至家族遗传。有的家族中，所有人都是暴脾气，爷爷、爸爸、孩子皆如此。这种遗传性的暴脾气，其实只是表象。从生活层面来说，它是由我们内在的认知决定的。还有一些无形的东西也在影响它，可能是家族创伤，专业名词叫作"代际创伤"。家族中曾经发生的重大历史事件，会以基因记忆的方式被后人记住，虽然大部分人不自知，但是这些家族记忆会以情绪的方式表现出来。

第四种情况：无意义的人生。

还有一些人静不下心来，是因为他们不知道自己真正想要什么。信息过载会导致人的大脑疲劳和注意力分散，难以专注于当下所做的事。对生活缺乏明确的目标和方向，对工作缺乏意义感，人就会感到迷茫、焦躁，难以静下心来。

静下心来的方法

无论是哪种原因带来的"静不下心来",本质上都是情绪的变化。要想静下心来,可以尝试以下方法。

1. 做三分钟深呼吸

当你感到自己静不下心来时,可以找个地方,做三分钟的深呼吸。

现在,大家可以试着深吸一口气,然后慢慢呼出来。呼气时,集中注意力关注自己的两个肩膀。接着,再深吸一口气,慢慢呼出来,将注意力放在两个肩膀,同时关注自己的呼吸。

这个简单的动作可以激活副交感神经,让人放松。当你放松时,你的情绪分值就会降下来,心也会静下来。

2. 与情绪对话

很多时候,我们的痛苦并不是来自当下,而是来自对情绪的对抗。

当一个人经常静不下心来,感到焦虑或内心空虚失落时,可以在放松时感知自己的情绪,问问自己,这些情绪是否属于自己的内心,其实都有答案。只要愿意静下心来感知,你就能找到。如果有个声音告诉你"不是",这时你可以对自己说"我允许这个情绪离开"。

怎么离开呢?比如,你可以先将情绪憋在胸口,感受它的存在。它是什么颜色?是空心的还是实心的?接着,想象深色变浅,实心变空心,固体变液体,液体变气体。最后通过打嗝让气体排出。**人的潜意识是很容易改变的,当你将情绪意象化的时候,情绪分值就会降低。**

如果确定是自己的情绪，可以回想它是从何时开始，由什么事情引发的。比如，公司裁员，房贷压力，孩子学费问题，等等。

这时，可以对自己说："这个情绪能给我带来什么好处？"或者"是不是我工作更努力一些，提前做好准备，就能避免被裁？"你的内心会给出一些答案。当我们找到了解决方法时，情绪分值就可以慢慢降下来。

3. 代际创伤，寻求专业帮助

有些情绪可能源于家族遗传。例如，连续几代人都是"易怒体质"。对于因家族遗传而容易暴躁的人，要让他们静下心来保持平和的心态，需要一些专业的帮助。

马克·沃林恩（Mark Wolynn）在《这不是你的错》中提到，受原生家庭的影响，或与家庭甚至家族有关的创伤，叫作"代际创伤"。比如，爷爷曾经遭受不公的待遇，含冤而死，他的愤怒和不满会在家族中延续，影响儿子、孙子甚至后代。

一旦涉及代际创伤，个人几乎无法处理，需要寻求专业人士的帮助。

无论以何种方式让自己静下心来，都需要遵循一个原则，那就是先接受，后改变。

如果你当真遇到静不下心来的局面，不妨问问自己，最糟糕的情况是什么？你可以寻找谁来帮助你冲破这个局面？

与其抱怨，不如修炼自己

现实中，有很多人遇到难题时总喜欢怨天尤人，白白浪费了很多时间。

在我看来，抱怨是一种无力的表现。如果我们面对一件事情，总是有解决的办法，或者具备解决问题的思维，那我们第一时间想到的可能就是"如何解决"，而不是"为什么会这样"？从这个角度来说，抱怨是一种问题思维，总是纠结于"为什么又出问题了"。

而解决问题的思维则是在做一件事情时，顺利是一种状态，遇到障碍也是很常见的状态，这些都是可以理解和接受的。只有小孩子才会认为一切都应该是自己想要的样子。

抱怨的源头是原生家庭

抱怨是一种惯性模式,并非一朝一夕形成,源头依然是原生家庭。具体来说,可以分为两部分。

第一部分,家庭遗传。

比如,父母很喜欢抱怨,遇到事情不是第一时间去寻求解决办法,而是马上开始抱怨。那么当孩子遇到事情时,也会本能地学习父母,按照他们的方式去处理。

有时,孩子是有能力解决的,只是形成了惯性,遇事的第一时间就会抱怨。这就是遗传带来的影响,让孩子形成了一种本能的应对方式。

第二部分,童年时期的期待,特别是对父母的期待,没有被满足。

我有一个四十多岁的学员,她经常抱怨自己的伴侣不遂自己的愿,以至于影响了夫妻关系。

我和她进行深度沟通,试图找到她抱怨的根源。

她的父亲是一个很能抱怨的人,而且对孩子非常苛刻。她小时候家庭条件并不差,有一次学校开运动会,学校要求全校同学都要穿白球鞋,她向父亲提出想买一双,其实那时候的白球鞋只有几元钱一双,但是父亲以太贵为由拒绝了。

这段经历让她内心产生了极大的痛苦,一方面源于父亲的小气,另一方面源于大家统一穿白球鞋而自己穿凉鞋的羞愧。这在她的童年留下了阴影，使她即使内心渴望，也不敢或不会表达自己的需求，在伴侣关系中更是如此，她从来不向伴侣表达需求，认为对方爱自己就应该了解自己想要什么，伴侣猜不到，天长日久，她的不满就越来越多。

这种现象在心理学中称为"投射"。当事人将小时候在父母那里未被满足的需求投射到伴侣身上，潜意识里希望伴侣能替代父母满足自己。然而，伴侣永远也无法替代父母，这种投射的关系可以说是造成伴侣关系出问题80%的原因。

这种投射的期待还会在与同事、领导、朋友、老师的关系中体现出来，最严重的影响是投射给了孩子：内心希望做孩子的完美父母，成为自己最满意的人。在孩子小的时候，他们对自己有诸多要求，希望"打造出完美父母"，等孩子长大了，他们对孩子又产生了很多依赖和渴望，让孩子不堪重负。

抱怨的消极影响

喜欢抱怨的人，往往会越讲越生气，情绪会变得更差，身体也会受到伤害。

日本作家江本胜所著的《水知道答案》中说，抱怨这种负面情绪会伤害自己的身体。身心是相互影响的，情绪会影响身体。

我觉得自己就是一个挺极端的案例。我丈夫去世时，我无人可抱怨，只能抱怨老天对我不公，抱怨命运对我太残忍。

过多、过重的抱怨很快就击垮了我的身体。我在很年轻的时候就出现了腰椎间盘突出的问题。

我经常说，**我们的疾病和境遇都是生命的一份礼物，一份提醒。只是很多时候，大部分的人并没有足够的觉知能力。**

那么，我们该如何改变呢？

最初的阶段，一定是求医。按照医生的要求吃药、理疗等，先让身体好起来。然后是学习。学会接纳自己，接纳自己的遭遇，接纳情绪不好的自己。最后在心理上变得更加强大，内心拥有更强的力量。此时，遇到事情的第一反应就不再是抱怨，而是寻求解决问题的办法。

这个过程可能会有些漫长，但真正坚持下来，整个人的能量就会变得很强，人生也会完成精彩的蜕变。

我有一个女学员，刚来上课时，她对丈夫有着各种抱怨——对她不好，对孩子不好，等等。她甚至已经准备离婚，只是还没想好以什么样的方式离婚。

我请她参加我的个案工作坊。在观摩了几个个案后，她看到了夫妻关系的经营之道，开始反省自己。几天之后，她告诉我自己也有问题，准备学习改变自己。

之前，她像很多女性一样，只是想着凑合过日子。内心看不到希望的她，被抱怨包围着。大量的抱怨让她看起来比实际年龄苍老许多，也给人难以接近的印象。而且，她也不愿意主动接近别人。那时，用"冷若冰霜"来形容她再贴切不过了。

随着学习次数的增加,她逐渐发生了改变。她意识到自己身上的问题,想摆脱痛苦的境遇。于是,有机会时,她会主动和别人聊天,主动打破沟通僵局。

现在,她不仅和丈夫重归于好,像新婚时一样甜蜜,孩子也变得越来越快乐,性格越来越开朗,连学习也变得更加主动。经过这些学习,她已经成为职业心理咨询师,正在帮助像她当年一样的女性。

在一切关系中,谁痛苦谁就需要改变。

当我们愿意承担一些属于自己的责任时,抱怨的情绪就会减少。因为我们会发现自己也有错,既然改变不了别人,那就先从改变自己开始。

可见,所有情绪都有意义,痛苦的意义在于告诉我们需要做出改变。一个人改变了,彼此的关系就会开始变好。

让抱怨成为你的工具

对于喜欢抱怨的人,有一段话很重要:**你要小心你的语言,你的语言一不小心就会成为你的行为;你要小心你的行为,你的行为一不小心就会成为你的习惯;你要小心你的习惯,你的习惯一不小心就会成为你的命运。**

不要让抱怨的习惯影响你的未来。喜欢抱怨的人一定要不断修炼,改变自己的现状。比如,你上班累了,回到家想在沙发上躺一会儿，老婆却躺在那里看电视，你让她挪一下，她一动不动，你就开始抱怨了："你一点儿都不理解我，就知道看电视。"

意识到抱怨不会让事情更好，只会更糟

抱怨往往是关注或者强调自己不想要的、不喜欢的，以及对方做得不好的地方。它的本质是想变得更好，只是忽略了不同的语言表达方式会产生不一样的效果。抱怨式的表达方式让很多人难以接受，因此，有必要改变自己的语言体系。比如，针对上面的情况，你可以说："亲爱的，你躺多久了？累不累？要不要换个姿势？"

想办法解决

之所以会抱怨，是因为没有更多的选择，没有想到还有其他的解决办法。

如果你能想到更多的解决办法，如换个地方休息，或直接告诉老婆你很累，你的抱怨是不是就没有了？

没办法解决时，先接受

即便暂时找不到解决办法，也可以选择先接受。抱怨是最差的工具，是最差的选择。当你平静下来时，可以思考一下，究竟是抱怨驱使你成了抱怨的工具，还是你让抱怨成了你的工具。

最后，我还是想重复之前说过的一句话：**抱怨不会让结果更好，只会更糟**。

当你觉得控制不住自己的抱怨情绪时，不妨想一想，你有没有"本想抱怨，却忍住没抱怨"的经历？你是怎么做到的？一旦有了确定性的答案，你的抱怨就会少很多。

真正聪明的人，都是会学习的人

学习是修炼自己的好方法。但在生活中，许多人不会学习，存在很多误区。

我们对学习的最初定义来自学校。老师告诉我们，要"好好学习，天天向上"，学习是为了考试取得好成绩。因此，我们非常在意背诵和应试技巧。

然而，我所理解的学习是一种心灵的触动，是内在的觉察、觉悟和觉醒，而不仅是某个科目的分数。我们通过听、看的方式产生内在的思考，从而产生"悟"。这份"悟"能让我们看见自己的局限、阻碍和所谓的舒适区。

从这个角度来理解，学习是通过选择或经历某些人和事，产生内在的改变，从而带动生活行为的改变。它首先是认知和思维的改变，然后是行为和习惯的改变，最后我们的命运自然也会随之改变。

思维就是思考事情的方法，它是一种能力，也可以学习。面对一件事情，如果我们只有一个解决方案，必须按照某种方法去做，一旦事情未达成，我们就会抓狂，导致愤怒和抱怨。如果有两个方案，情况则会稍好一点，但也可能会左右为难。如果有三个以上的方案，我们就会很灵活。用 A 方案行不通，就试试 B 方案，B 方案还不行，再试试 C 方案、D 方案。有了更多选择，人自然会平和。

关于这一点，许多人的误区在于不学习思考方法，不提升思维，而是为了学习而记录内容。对于成年人来说，单纯记录的意义往往并不大。在我的课上，我建议学员用心聆听，用身体感受，不需要用笔记录很多。身体知道答案，当身体有感觉时，潜意识记住的信息就会很难忘。

真正促进个人发展的，是深度思考和内化知识的过程。许多成年人所经历的单纯记忆积累，并不等同于实质性的学习成果，尤其是像疗愈师这样的职业培训，更重要的是培养深刻的理解与实践能力。

即使你再聪明，反应速度也不可能比得上电脑和 AI。

学习的本质不是快，而是慢

在我看来，现在这个时代，会学习的人一定是懂得整合资源的人，而不是拥有很多知识的人。他要有把自己所学的知识整合成能够支持、帮助自己达成目标的能力。这需要你对所学的知识有深入的理解，领悟到其中的精髓，再结合自己的生活、工作和目标，才有能力进行有效整合。

第二章 修炼自己，成长是一场蜕变

聪明的人不一定是知识渊博的人，而是知道怎么用简单便捷的方法去找到答案的人。 当然，如果你只是一味地追求速度，不加思考地学习，急功近利、急于求成，那么只会囫囵吞枣，学到皮毛。在这种情况下，你无法具备真正的专业能力，也无法领悟其中的精髓。

最初，我决定学习家庭教育，是因为孩子不愿意上学。我急切地学习了一些方法，如沟通技巧，急忙用在孩子身上，想把他赶紧推回学校。虽然这些方法短期内有效，但持续时间不长，孩子又回到了原来的状态。

多年后，我的孩子长大了。他和朋友说："我妈当年假装了半年好妈妈。"

听了他的话，我意识到，我当时太急了，只学到了皮毛，却没有真正领悟到其中的精髓，内在没有真正改变，对孩子也没有真正的认同。这是我当年的学习误区，把"术"当成了解决之道。只用"术"而没有内化，没有真正理解教育的意义，没有真正理解孩子，效果并不好。

学习是有路径、有规律的，是一个相对缓慢的过程。它需要我们将知识内化，再进行输出。输出的路径，一方面是应用在自己的生活中，另一方面是应用在别人身上。应用的过程其实也是学习的过程。

在学习中，一旦达到某个节点，你就会发现，自己学东西的速度变得非常快。我的一些朋友就很羡慕我，他们觉得我在学习感兴趣的东西时，整合能力非常强。其实，这都得益于底层基础打得好。

我们对表层的学习到了一定程度之后，会有一个更深层次的下沉过程，才有机会去领悟到底层逻辑。一旦可以领悟到底层逻辑，举一反三的能力就会变得很强。这时，我们再去学习更多的东西，就会非常容易，速度也会很快。那些急于求成的人，往往没有耐心去领悟真正底层的东西。

因学习而自责，是生命给你的积极提醒

在追求深层理解的过程中，很多人会有自我反省的时刻，尤其是当我们意识到自己可能过于急躁，没能充分地沉浸在学习中时。这时，自责和后悔便悄然而生。尽管它们看似是对过往行为的复盘，但在改变结果、改变既有的事情上，没有起到丝毫作用。

在我看来，自责和后悔没有任何积极意义，无助于我们的成长与发展。自责看似很难受，在潜意识中是把结果合理化，或者接受自己的错误，却没有提供解决方案。

有一种说法是"失败是成功之母"。我对它的理解是，**只有在失败之后，从中获得学习，并做出改变，才可以说"失败是成功之母"**。也就是说，单纯的自责和后悔没有任何积极作用。在这个过程中得以提升，觉察到这样做是错误的，再复盘哪里错了，下次做同样的事情应该怎么做、如何改变，对我们接下来的成长才是有积极作用的。

如果只是自责自己的失败，但没有学习和成长，也没有做出改变，它就不会推动我们下次做得更好。

当然，一些特殊情况下的自责和后悔，还是需要区别看待的。比

如，有的人因为工作原因，没有时间陪在父母身边。如果突然有一天，父母因病去世，他们就会陷入自责当中。这种自责会影响他们的工作和生活，严重的话还会让他们抑郁。

这种情况下的自责和后悔，更多的是在提醒我们，要珍惜当下拥有的一切。

伴侣、孩子还在身边，朋友、亲人陪伴左右，我们要珍惜和自己爱的人在一起的时间，将来与他们分离的时候，自己无怨无悔、无愧无憾，才是这种情绪背后真正的积极作用。

当一个人可以这样思考的时候，他的自责和后悔情绪自然就会减弱。这其实是一种疗愈的方法——找到这件事情带给我们的学习意义，和我们要从中努力获得的经验。

我们要试着转变视角，从自责和后悔中提取教训并专注于个人成长，突破自我限制。在这个基础上，步入更广阔的成长路径，才能活出真正的自在人生。

自我成长，共修很重要

成长需要静下心来，需要自我学习、自我感悟、学以致用，这是一个非常重要的途径。与此同时，一个人的思考难免具有局限性，如果每天只是自己思考、自己琢磨，就很容易钻牛角尖。

如果可以共修，就不容易走偏。如果有伙伴一起修身养性，就可以共同交流，进行思想上的碰撞。大家互为镜子，可以从对方身上看到自己的障碍和不足。即便不认同伙伴的观点,也能从他的身上看到另外一种可能,这也是一种学习。

很多人把学习功利化,这违背了学习的初衷。我更期待,在学习上,大家可以对自己多一点耐心,做一个学习的长期主义者。

当然,在成为长期主义者之前,你要问问自己,在学习上,你是否给自己做过长期的投资?

自驱力，激发无限潜能

一个能够不断学习、成长和蜕变的人，一定是主动性很强的人。他能看到一件事情背后的意义、价值感，驱动自己坚持做一些别人做不到的事情。

然而，更多的人在做事情时，会把它简单地当成一个任务。一旦把工作当成养家糊口的事，就很难激发内在的潜能，也不会有主动向前的动力。

发大愿，才能做大事

一个人从事的工作，如果与他内在的志向和使命感紧密相连，情况就会大为不同。

我经常关注马斯克的新闻，他要带领人类移民火星，大多数人认为这是天方夜谭，包括他的偶像阿姆斯特朗也不看好他。大家都认为，这件事根本不是一个民营企业能做成的。

甚至他想找一名首席工程师，都没有人愿意担任。无奈之下，他只能自己干。

他为此付出了巨大的代价，经济上也受到了打击。然而，外界的质疑从来没有消失，技术的难题总是如约而至。在经历三次失败之后，如果第四次依旧不成功，他的一切努力就将化为泡影。然而，他的志向，不仅是出于对科学探索的兴奋，还是出于对人类文明未来和存续的深刻思考，这样的想法一直推动着他，让他有坚强的意志去为实现梦想而努力。

意志坚定的人，一定拥有内在的自信和大愿

什么是"大愿"？就是做一件事时，不只是把事情做完、获得经济收入这么简单，而是考虑它能够给人类或者这个世界带来什么，背后一定有一个更高的价值追求。

发了大愿，就会把工作当成一种使命和责任，追求更加深远的价值和意义。一旦如此，就能像马斯克一样，激发内在的力量，创造出真正的奇迹。

如果内力不足，就很可能出现拖延的情况。当然，在一些小事上，拖延一点儿并不是大问题。但很重要的原则性的事，是需要我们有正确认知的，只有看到意义感和价值感，我们才能坚持下去。

北京大学徐凯文博士提出过"空心人"这个概念，指的就是对自己做的事情没有认知，缺乏目的性和目标感，对自我存在感到空虚和无意义,对未来感到迷茫,对生活失去兴趣的人。

曾经,我有个来访者,是一名中学生。他因为在学校根本不学习,被老师叫了家长,但他干脆休学了,这让家长很着急。

与他交流时,他说:"我的爸爸妈妈,一个是大学老师,一个是企业主管。他们都很拼、很累。我上学再怎么努力,以后最多就是成为他们这样的人,这有什么意思?有什么价值呢?"

看得出来,这个孩子比他父母还清醒。他不想成为父母那样的人,不想每天为了赚钱而奔波。其实,他根本谈不上爱不爱学习。只是父母的生活状态让他不知道为了什么要努力学习。

这样的孩子很有思想,会有自己的思考。所以,我开导他的方式,是给他树立榜样,让他看到那些令他感到钦佩的人。

他很喜欢说唱,但是他爸爸否定了他的念头,认为这既不是正经工作,也赚不到钱。其实,他是一个很热爱生活的孩子,有着非常明确的理想和梦想,只是父母否定了他的喜好,不愿意正确看待孩子的特长,只希望孩子按照他们设计的道路发展,这让孩子觉得在为父母而活,丧失了自己生命的意义。于是,他选择了消极对抗,成了所谓的"空心人"。

了解了他的想法后,我问他为什么想成为一名说唱歌手。他说,说唱给他带来了很多心灵上的启迪,他觉得这样很有意思、很有意义、很有价值。

听他提到说唱歌手也可以影响很多人,给世界带来价值时,我觉得太棒了,很真诚地鼓励他,并问他:"如果你要成为一名非常厉害的、能够影响世界的说唱歌手，你要触动他人的心灵，改变他人，那么你需要具备什么能力呢？"

他说："要有思想，有才华，要对这个世界有洞察力，有总结能力和感悟能力。还需要有输出能力，要能把自己看到的好的现象用说唱的方式表达出来，并且能触动别人的心灵，唤醒一些人。这需要语言组织能力，也需要逻辑思考能力，以及感知能力。"

他的分析能力很强，我只需要顺着他的话，把他的梦想与学习串联起来即可。我让他意识到，上课不是目的，考大学也不是目的，这些都是帮助他成为想成为的人、做想做的事情的一个途径而已。

当他想明白这一点，知道要想成为那样的人，当下就必须好好学习，必须具备某些能力和品质，如学识、视野等时，他就看到了学习的意义。

这个意义不是我告诉他的，而是基于他自己的梦想和理想，反推出来的，这样，他内心的动力自然就有了，"好好学习"也就成为他自然而然的选择。

使命是在持续行动中生发出来的

对于孩子们，我会谈他们的"梦想"。因为谈"使命"，大部分孩子可能不会理解。但对于对生命品质有更高追求的成年人来说，我会选择谈"使命"，这是很重要的。

一个对生命品质有更高追求的成年人，一定要有使命感。只有内心有使命感，才能发大愿、做大事。使命感会让人充满力量，可以披荆斩棘，去面对遇到的困难。

当然，使命感不是一下子就能找到的，很少有人会说，我来到这个世界就是为了改变世界。

我最初学习时，也没有使命感，只是为了解决自己的身体问题、情绪问题、孩子问题等。随着学习的逐步深入，成长的逐渐加快，我的内心自然也发生了变化。

在自我探索和助人实践中，我逐渐感受到了一种前所未有的成就感和生命的意义，并且迎来了我人生观念的又一次重大转折点，第一次邂逅了"使命"这个概念。

因此，我认为，往往不是人找使命，而是使命去找那些已经准备好的人。

使命带来人生的第二次觉醒

第一次深刻体会"使命"这个词，是在我的 NLP 老师李中莹的一个身心成长的课程中。他讲到，孩子出现的很多问题，如焦虑、抑郁甚至轻生等，都是由教育缺失或方法不当导致的。他又提到，当他看到许多人如此痛苦的时候，他有一个使命，就是想要帮助更多的人具备疗愈的能力，并且培养咨询师和疗愈师，让他们去帮助更多的人。

在我的人生中，这是第一次如此深刻地听到"使命"这个词。过去，我的父母只是做生意赚钱，让孩子们过得好一点，让老人生活得好一点。没有人认真地告诉我,世界上还有使命这件事。当时,我全身的毛孔都是麻的、是热的,内心的能量在涌动,有一种"热血沸腾"的感觉。

刹那间,我似乎感受到了使命的力量。当然,我认为它不是我的使命,而是老师的使命,我为老师感到自豪。

这次深刻的感受,我把它称为我的"第二次觉醒"。

这之后,我开始接手越来越多的咨询个案,帮助越来越多的家庭解决他们的痛苦。我在经历种种事情时,内在已经成长了,具备了一定的认知能力。一本书上的一句话、一部电影、一个人,都有可能瞬间冲击到我,让我知道这就是我想要的。

忽然有一天,我意识到我自己的力量太小了,我要培养更多像我一样的人,就像我的老师当年培养我一样。于是我开始成立公司、运营平台,而不是仅做一位咨询师。

我开始讲更多的课,培养更多的心理疗愈师,让他们先帮助自己,再帮助家人,进而去帮助更多的人。现在,我的一些学生已经做得很好,帮助了很多家庭。我把自己的使命传递给了更多的人,这让我感觉幸福。我觉得,当一个人带着使命感做事时,生命体验真的非常不同,时时刻刻都充满激情。

请你一定要相信,每个人都有自己的使命。先做好自己,使命就会来找你。

如果你不确定自己是否已经找到使命,不妨问问你自己,你做的事情是在养家糊口,还是在利他人甚至利众生?

爱就是最好的心理学，爱可以疗愈一切。

第三章
爱、家庭与光亮

爱是一切关系的前提

在我们的生活中有各种各样的爱。爱是一切关系的前提。比如,父母对孩子的爱,孩子对父母的爱,这叫亲情;情侣之间的爱,夫妻之间的爱,这叫爱情;朋友之间的爱,这叫友情。

人与人之间和谐的关系、亲密的感觉,都源于对彼此的爱。

爱是允许,是接纳

每个人对爱的理解有所不同。许多人会认为,爱意味着为对方付出一切。而我的理解是,**爱的第一步是"允许"**。无论是亲情、爱情还是友情,都应如此。接纳对方本来的样子,允许对方保持自己的状态。

我会允许我的孩子在成长的过程中犯错,允许我先生的表现和我的期待不同。要允许对方保持他原本的样子，接受他的独特性。他的独特性可能有让你欣赏的优点，也可能有让你不喜欢的缺点，但那就是他的独特性。

如果他没有伤害别人，没有伤害这个世界，只是你不喜欢，就偏要他去改变，那这就不是爱。

爱是夫妻关系的第一大前提

在夫妻关系里，爱对方的表现是，不仅要接纳对方，还要接纳对方的家庭，包括对方的父母以及原生家庭。有些老人因年龄、学识等问题，确实难以沟通。但是，每个人都是不完美的。如果你真的爱你的伴侣，就应该爱屋及乌，包容和接纳对方的家人，这是夫妻关系的一大前提。

此外，爱既是一种感觉，也是一个动作。如果你只是把爱放在心里，不去表达，那么对方很难有深刻的感受。特别是我们中国人，受集体意识和人文环境的影响，除了恋爱时期可能更容易把"爱"说出口，老夫老妻往往就难以说出口了。这种情况下，爱的表达更多体现在行动中，如生活上的关心、事业上的理解，对某些事情的支持与允许，甚至是帮助对方照顾家人，等等。妻子协助丈夫照顾公公婆婆，丈夫协助妻子照顾岳父岳母，这些都是爱的表达方式。

爱是感觉加上动作，必须通过表达和行动让对方感受到你对他的爱。

亲子关系中的爱

在亲子关系中,父母对孩子表达爱的方式因孩子的成长阶段不同而有所不同。

婴幼儿时期

在婴幼儿时期,父母对孩子的爱除了情感上的关爱,在日常生活中还扮演了许多功能性角色,如保姆(照顾孩子的吃喝拉撒)、厨师(为孩子做饭)、保安(保护孩子的安全)。此外,父母需要教给孩子一些受用一生的习惯和规则,如不要给别人带来麻烦,不要让别人讨厌自己,等等。这些习惯和规则对孩子将来适应社会非常重要。爱孩子的父母会承担起教育孩子的责任。

需要注意的是,在孩子需要建立行为习惯和规则意识的时候,家长应及时教导,而不应因为孩子不想学就放弃。当孩子哭闹时,家长不仅是保姆,还是老师。

青春期

到了青春期,孩子已经有了一定的自我意识,知道什么是好的,什么是不好的。在这个时期,孩子还不具有完全的自理能力,父母仍需要给孩子做饭、帮忙收拾卫生。只不过,保姆的功能应该减少一些,而朋友的功能则应该增加一些。

朋友的角色是什么?朋友要尊重他、理解他。如今,许多父母自认为很爱孩子,但是孩子回家后不愿与他们沟通。

为什么呢？因为父母不懂孩子。孩子与父母说什么，父母都不懂，那还有什么可说的？更不用说让孩子信任家长了。

一旦出现这种情况，父母应有意识地观察孩子、了解孩子，这样才能走进孩子的内心，孩子才愿意与你交流。与此同时，父母一定要保持自己的身份。要陪伴孩子、保护孩子，给孩子提供一个健康、安全的生活环境、家庭环境和人文环境。

朋友还有一个功能，那就是顾问。父母的人生经验和社会经验肯定比孩子丰富，当孩子遇到困难时，父母应像顾问一样给予建议，这对孩子的成长大有裨益。作为父母，一定不要事无巨细地帮忙，而是在孩子向我们请教的时候给予我们的经验、建议和观点，以此支持他们。

成年时期

孩子成年之后，如果家长还在做孩子的保姆，每天给孩子洗袜子、收拾房间，出门为孩子准备衣服，天凉了还要叮嘱孩子多穿衣服，孩子就会很反感。因为这样的关心和爱的举动是在无形中告诉孩子：你是个婴儿，你没有能力照顾好自己。

作为家长，应该让孩子自己去做，给孩子自己成长的机会，让孩子自己体会成长的过程。

总之，我们对孩子的爱要与时俱进，根据孩子成长的不同阶段，调整爱的表达方式。

作为家长，培养孩子时始终要遵循的一个原则是支持孩子，帮助孩子培养出能够照顾自己人生的能力和习惯，包括为人处世的能力、自我管理的能力、解决问题的能力，以及生活习惯、思维习惯。这是家长的责任。

如果你爱自己的孩子，就应该允许孩子有自己的爱好。然而，孩子的行为习惯是需要家长培养的。比如，一个孩子喜欢足球和说唱，你爱孩子，就要对孩子有一份允许和接纳，而不是把你认为好的强加给孩子。这不是爱，这叫操控、不尊重。

爱要在行动中表达

夫妻关系也应像亲子关系一样，彼此尊重，并通过行动表达爱意。

我有一个来自内蒙古的学员，他在与妻子相处时不够尊重她，凡事都是自己做主。当他经济状况出现问题时，出于面子他不愿和家人讲，内心非常痛苦。

正如我之前所说的，痛苦会促使人改变，谁先痛苦谁就先改变。他自己无法改变，便寻求他认为能够帮助他改变的人。看了我的直播后，他觉得我的内容对他有帮助，便从内蒙古赶来上课。

在课堂上，他意识到，他的痛苦其实与钱关系不大，而是源于他对父母和妻子的不尊重。当我讲到亲密关系和"家和万事兴"的道理时，他意识到了自己在亲密关系中存在的问题。

过去，他没有羞愧感，根本不觉得自己有什么问题。现在他反思自己的行为模式后，感到非常羞愧。课程结束后，他在回家前去商场给妻子买了两件衣服，这是他通过实际行动向妻子表达爱的一种方式。

我让他明白了一个重要道理：凭运气赚的钱，就像电梯上升时你顺势而上，这并非你的努力，而是运气。然而，如果你的德行和能力不足，当你真正依靠自己的能力做事时，就会凭实力亏掉钱，许多人都是如此。

可以说，**懂得爱的人才更能够赚到钱并守住财富**。所谓"厚德载物"，只有爱自己，才能爱别人。那么，你对孩子、对伴侣、对家人的爱是停留在感觉上，还是付诸了行动？你是在允许，还是在控制？

活下来就值得感恩

我发现有不少人对父母怀有抗拒和怨恨情绪。例如，留守儿童和被送养的孩子，通常会有较强烈的怨恨情绪。还有一些人，父母重男轻女，偏爱儿子，或父母有家暴行为，打骂孩子。这些会给孩子带来心理创伤，导致他们长大后想到父母就会心生怨恨，甚至愤怒。

从情绪和生活层面上看，我非常理解他们，因为他们在童年时期身心受到了伤害，内心自然会滋生怨恨情绪。

然而，从生命的角度来看，一个怨恨父母的人几乎不可能真正幸福，这是为什么呢？

怨恨父母，就是否定生命

我们的生命，一半来自父亲，一半来自母亲。当我们怨恨父母时，其实就是在怨恨自己的生命。怨恨父母一方，就是否定生命的一半；怨恨父母双方，就是否定生命的全部。怨恨父母的人，即使在别人眼中非常成功、优秀，内心深处也一定会有对自己不接纳的地方，会不断地否定自己。

想象一下，如果有一个与你最亲近的人，每天都在你耳边说，"你不应该活着"，这会对你的心理造成多大的影响？一方面，你想活着，想让自己好起来；另一方面，你又会觉得自己不应该活着。这样就形成了两股内在"动力"的冲突，就像一脚踩油门，一脚踩刹车。这就是内耗，它会对人产生很严重的负面影响。

我们生命的内耗，与我们和父母的关系密切相关——是完全接受父母、接纳父母，还是怨恨父母？这也是我研究的重点之一。

一个不接受自己生命的人，很难让自己变得更好。他可能会为了证明自己，或者为了活下去，努力提升专业能力和获取财富的能力。然而，在他的内心深处，这种怨恨会无形中阻碍他的成功。

有些人非常努力，能力也很强，却总是无法成功，或者即使成功了，也会因为一次失利或错误而迅速跌落。当我们探索他们的成长经历时，会发现很多人都是因为这个原因。他们会陷入自我证明的状态，这种状态可能会让他们在某些方面取得成功。

然而，这种证明的背后，如果存在对父母的怨恨，就会对自己和生命有一份否定，而这份否定则会阻碍他变得更好。

因为想要证明自己的人，是为了向父母证明"我可以"，或为了向父母表达"我讨厌你"而去做，而不是基于爱、喜欢、感兴趣或想做而去做。

因为喜欢而去做和因为正名而去做，虽然行为相同，过程也相似，但感受大不相同。证明自己的过程本身是痛苦的，而出于感恩去做，则过程本身就是幸福的。

人的潜意识逻辑和头脑的逻辑不同，会形成一种矛盾。那就是，有些人会成功，但内在有一种动力会让他们失败，因此他们会破坏自己的成功。

活着就值得感恩

以财富为例，一个人的财富组成包括正财、偏财以及家族曾经的福报。正财是劳动所得，做得多收获自然多；偏财则是从天而降的，无须努力即可获得。那么，一个人最大的偏财是什么？就是生命本身。我们什么都没做，就拥有了生命。

这个偏财是谁给的呢？显然是父母。没有什么比生命更珍贵了。每天有多少孩子夭折，许多人甚至没有机会来到这个世界。而父母则给了我们这样的机会。

当然，父母可能做得不够好，甚至让你不满意或伤害了你，但他们给了你最珍贵的东西——生命。基于这一点，我们也要感恩。当一个人对父母怀有感恩之心，没有埋怨情绪时，他在生活中的关系会更加融洽，也更容易获得福报。

感恩的人对外释放的能量是正向的，他们更容易与他人建立联系，获得机会，各种关系也会更加融洽，幸福感也会更高。

觉察，就在一念之转

我有一个学员，最初来找我咨询时，她已经向丈夫提出了离婚。当时，她对丈夫因忙于工作而很少回家的情况非常不满，忍耐到了极点。

这是一个很典型的情况：一个抱怨丈夫不回家的妻子，一个回到家看到妻子抱怨的丈夫，谁心里会舒服呢？

见到她时，我能感受到她的痛苦，也很理解她是更多地在为年幼的孩子考虑，希望以对孩子影响最小的方式离婚。

在深入交流中，我发现她的许多不满源于她对丈夫家人的不接纳。她的公婆都是农民，有很多生活习惯与她不同。例如，农村人可能会用一块抹布先擦锅，再擦碗，最后擦灶台，洗一洗后又重复使用。可是，对于在大城市中长大的她来说，这是完全无法接受的。因此，她会嫌弃公婆，甚至说，"农村人就是这样"。她的这种态度让公婆感到难受，也让丈夫陷入两难境地——他既不想伤害父母，也不想伤害妻子，最终选择逃避。然而，越是逃避，越无法面对妻子。

空椅子技术

了解到这个情况后,我使用了空椅子技术帮助她。空椅子技术是指在我们交流时,在她对面放一张空椅子,让她想象椅子上坐着她的丈夫。

她坐在那里,像往常一样抱怨丈夫和婆婆,如婆婆不讲卫生、不敲门就进房间等。抱怨完后,我让她坐到对面的椅子上,感受自己刚才抱怨丈夫时的语言。

人是非常富有智慧的。当她坐在那把椅子上时,她能够真切地感知到一个丈夫听到妻子说自己母亲时的那种尴尬和痛苦。当她对那些抱怨的语言逐渐感同身受时,就开始反省自己的行为。

当我让她从丈夫那张椅子上起来,回到自己的椅子上时,她意识到,过去的自己完全陷入了愤怒和怨恨的情绪中,并有了一个"觉察者"的身份。她觉察到自己的怨恨,不仅针对他人,也包含对自己的不满。

接下来,在她重新审视丈夫和公婆时,态度自然发生了变化。有了这个改变,我们就有机会继续交流。此时,我引导她思考:"除了这些,你的丈夫和公婆还有什么地方做得让你满意?"

比如,公婆非常勤劳,每次来都会给他们带很多菜,买很多东西,对儿子和儿媳妇特别好,会无条件地为他们付出、爱他们。

当她把怨恨放在一边,能够看到对方的付出时,感恩之情便会涌现出来。

现在，她很庆幸遇到自己的丈夫并与他在一起。实际上，这就是一念之转。一念之转后，整个情况就都改变了。

培养感恩的心

有时，有些人会抱怨自己的鞋不好，但与没有脚的人相比，我们拥有的已经足够多了。我们要有意识地去看自己所拥有的，并有意识地练习感恩。久而久之，我们就会养成感恩的习惯。

那么，如何培养孩子的感恩之心呢？

我很少对孩子说："你要学会感恩。"但我会对他说："我很感恩你的爷爷奶奶，他们很爱你，帮你付学费，给你零花钱。你要经常给爷爷奶奶打电话和他们聊天，关心他们……"

我的孩子现在二十多岁，非常有爱心，也很孝顺，对亲人和朋友都很好。

父母想要影响孩子，最好的方式就是言传身教。自己先做一个感恩的人，孩子才会在潜移默化中学会感恩。

一个具备感恩之心的人，往往能在事业上取得更大的成就。

我一直很感恩我的工作，它让我有机会去见证那么多生命的蜕变。机缘巧合之下，他们认识了我，并与我有了一段深入的接触，随之开始发生改变。当他们开始对生命、生活、未来充满希望时，他们的脸色、语言、身体语言和状态都会改变，情绪也随之好转。

看到他们变得越来越好，我会特别感恩。我会想："何其有幸，让我有机会见证一个个生命的蜕变！"

随着每一次课程的结束，我都会感谢班上的所有同学。因为有他们，我才有机会站在讲台上，分享我的人生经验和知识。我知道这份工作很有意义，但没有他们，我就不会有机会站在这里。

我们要相信，拥有生命本身就是一个奇迹，要感谢那个给予我们生命的人。每当想要抱怨的时候，不妨问问自己，是希望自己的世界充满感恩，还是充斥着不满？

接受父母本来的样子，才能活出更多的精彩

一个人的家庭对他的成长至关重要。在正常状态下，一个人会有两个家庭：原生家庭和核心家庭。所谓原生家庭，是指我们从小到大成长起来的家庭，通常包括父母和兄弟姐妹。而核心家庭，是指结婚后自己组建的家庭，通常包括配偶和孩子。

这两个家庭共同作用，塑造了一个人当下的样子。

我的原生家庭

单纯从感受上说，每当回忆起我的父母，脑海中浮现的都是他们充满爱、善良、勤劳和热情的画面。但从心理学角度分析我的成长经历，许多事情可能都是一种创伤。

我一出生就被父母送人了。我家有五个孩子，我有三个哥哥和一

个姐姐。由于孩子多,家里难以养活,父母不得不做出这样的决定。然而,母亲终究不舍,没过多久又将我要了回来。

在我一岁的时候,父母带着我从老家搬出来,准备盖房子,他们将我"拴"在临时住所里。一岁的孩子会有许多需求,会饿,会害怕,需要父母照顾。他们的做法给我带来了恐惧和创伤。一个显著的表现是,父母盖了一个月的房子后,原本已学会走路的我竟然不会走路了。

七岁那年,父母开始做生意。事事亲力亲为,根本顾不上我,我又成了那个被忽略的孩子。

尽管经历了这些可能对我造成创伤的事情,父母却从未打骂过我。每当想起他们,我的内心总是充满温暖与爱。我的父母是那种非常天然、充满爱的人。他们基于善良的本能,会自然而然地看到我的好,即使别人说不好,他们也不认为这是什么问题。例如,我的脚大,亲戚们会笑话一个女孩子脚这么大,但我爸爸说:"脚大站得稳。"我小时候胳膊和腿上长了一些小疙瘩,妈妈却说:"这样的人有福气。"这在心理学上称为"积极关注"。他们虽没有专业知识,但本能地会这样做。

成年后,家里谈起我小时候被送走的经历时,妈妈会说:"哎哟,这么好一个女儿,差点儿送走了。幸亏要回来了。"从心理学角度来看,这是一种很深的疗愈。但她并非因为学习了心理学才这样说的,而是天生就这样认为。

我把这归结为爱。**爱就是最好的心理学,爱可以疗愈一切**。这些爱可以抹平或抵消许多学术上认为难以抚平的创伤。

创伤没有大小

在疗愈当事人的过程中，我逐渐意识到，创伤没有大小之分。即使在我们眼中是一件小事，但如果给当事人带来的影响很大，情绪很强烈、很痛苦，那这就是一个创伤，就是一个需要疗愈的点。

我会用专业知识带领他们通过冥想或催眠与父母和解。这样做通常会让他们感觉好很多，有些人甚至只做了一次就有了心态上的变化，至少想到这件事时负面情绪消失了。

这种状态，我会认为他们已经离开了原点，或者说这个创伤点已经改变、被疗愈了。如果遇到新的问题，我们可以基于那个点再去解决，再去做疗愈。

学习心理学的真正目的

我见过不少人在学了一点心理学后，就开始用学到的皮毛知识去对照自己。他们在既没有内化知识，也没有真正领悟知识时，就开始用这些知识去找父母的毛病，甚至将其作为挑剔的依据。

也就是说，过去他们因出于本能而怨恨；现在，他们把专业知识作为怨恨的依据。直观的结果就是，他们把伤口扒开，却没有把它缝合起来。

如果学了更多的专业知识，却让自己更痛苦，与父母的关系更糟糕、怨恨更深，那一定是哪里出错了。

对于身处这种状态的人，我有三点建议。

第一，寻找原生家庭的问题是手段，而不是目的。

学习心理学，研究原生家庭，不是为了指责父母，而是为了解决自己的问题，并知道自己可以怎么做。如果只停留在指责父母上，那就是错的。

如果你学习心理学时，老师只告诉你这是原生家庭的问题，那是不专业的。我通常会说："学习心理学的目的是让自己更好，心情好、关系好、身体好、各方面越来越好。研究原生家庭是为了帮助自己解决问题，而不是找父母的问题。学习心理学的目的不是让我们绝望，而是要看到希望。如果看不到希望之光，看不到积极的能量，就无法让自己更舒服。"

那么，原生家庭中有没有天生的积极能量因子可以给我们力量呢？当然有。比如，父母对孩子的爱就是我们内在力量的源泉。

在我学习心理学后，常常回溯原生家庭以疗愈自己的童年创伤，这为现在的我提供了很大的力量。我们寻找原生家庭的"卡点创伤"，是为了更好地回到现在，走向未来。也就是让自己当下好起来，从而更有力量地实现自己的目标，成为自己想成为的人，做自己想做的事。

第二，无论是自己的问题，还是父母的问题，都要聚焦到自己应该做些什么。

带着让自己变得更好的目标，我们要有一种信念：无论当下的局面是谁的问题，都要把焦点放在自己的改变上。最重要的是，我们能为自己做什么。

要接纳父母是不完美的，但他们给了我们生命，就已经值得感恩了。感恩他们给了我们生命，并把焦点放在我们现在可以做些什么来帮助自己达成目标。

当然，心理学中也有一种方法，就是自己做自己的父母，只是爱自己，不理会与父母和解的事。我认同自己爱自己的观点，但我依然建议接受父母是自己的父母这个事实，毕竟，他们给了我们最珍贵的生命，没有生命，我们就什么都没有。

第三，回溯原生家庭时，先想想原生家庭赋予了你哪些美好的品德。

每次讲到感恩父母，我都会想到他们给了我很多美好的品德。比如，妈妈经常教导我要孝顺老人。在教育我的孩子时，我也会让他爱自己的爷爷奶奶、姥爷姥姥。虽然我的公婆和父母都不完美，但我会先爱他们，也让我的孩子爱他们。

在人际关系方面，我父亲会说"两好隔一好"，就是你希望别人对你好，你就要先对别人好。父母教我的道理并不高深，通常是善良、热情之类很平常的教导，但这些深深刻在了我的骨子里，即使我没有学过心理学，它们也成了我的特质和为人处世的本质。

从我的父母身上，我意识到，当你回顾原生家庭，寻找自己的问题时，首先应该想一想父母给过你哪些美好的品德，有了这个暗示，再去回顾时，你的包容度是不是会更高一点呢？

在许多人眼里，我小时候的那些经历是原生家庭带来的痛苦，也许要用一生去疗愈。但我觉得，这些事情对我的影响并没有那么大，不值得我去怨恨他们。

我能从心底里感受到父母的爱和善良。他们是很好的父母，给了我很多美好的东西。我从他们那里学到了很多，也会像他们对待他们的父母那样去对待他们。

许多人觉得自己的品德是天生的，并没有意识到这可能是受父母的影响。当我们开始思考父母的贡献时，就会更关注自己从父母那里获得的好处，而不是不好的地方，毕竟，每个父母都在尽力地把最好的东西给予孩子，如果他们没有做到，只是因为他们没有能力做到。

那么，回顾你的原生家庭，你学到了哪些可以传授给你的孩子，成为他受用一生的美好品质呢？

你就是你孩子的原生家庭

原生家庭对孩子的成长、成年后的人际关系、生活状态乃至事业与财富，均具有深远影响。

夫妻关系和谐，是孩子成长的最佳环境

理想的原生家庭应该是父母相互关爱、和谐共处，并共同爱护孩子。这样的环境最有利于孩子的身心健康发展。在家庭中，夫妻关系应居于首位，其次才是亲子关系。然而，许多家庭在孩子出生后，尤其是母亲，往往将孩子置于伴侣之前，这种本末倒置的做法可能带来不良后果，过度关注孩子反而不利于其自我成长。

男孩通过观察父亲学习如何成为男人，而女孩则通过母亲学习如何成为女人。孩子的成长是一个自然的过程，只要父母以身作则，孩

子便能如植物般地在适宜的土壤、空气、阳光和水分中茁壮成长。反之，若父母经常抱怨、情绪低落，孩子则可能习得这些负面情绪。

父位缺失时，母亲要承担更多责任

在家庭中，父母各自扮演着不同的角色，对孩子的影响也各有侧重。父亲对孩子的影响，主要体现在决断力、力量和目标边界感上；而母亲带给孩子的影响，则会更倾向于情感和感性方面，如人际关系、亲密关系、与孩子的关系以及爱与被爱的能力等。

当前，许多家庭存在"丧偶式育儿"现象，父亲角色的缺失导致男孩普遍缺乏力量感。那么，缺乏父亲影响的孩子应该如何养育呢？我家就是一个典型的例子。孩子十岁前由爷爷奶奶照顾生活，爷爷的关爱和互动对孩子的健康成长起到了积极作用。此外，家族中男性较多，我的孩子从小就和他们接触，这在一定程度上也弥补了父亲的缺位，使我的孩子可以从他们身上获得力量感和男性影响力。

在父位缺失的情况下，如果想要营造好的家庭环境，母亲的自立、自强、自尊、自爱就非常重要。自立意味着母亲有主动创造机会、创造财富、承担家庭责任的能力，自强则体现为她无须依赖他人。一个自尊、自爱的母亲不会让自己在某段关系中处于弱势地位，因为这会给孩子带来很多负面影响。相反，这样的母亲能够妥善规划自己的发展，并积极解决生活中的问题。我母亲的自立自强就为我树立了良好的榜样。

自尊和自爱是女孩选择感情时的重要因素，她们不会为了一段感情而丢掉自己的尊严，无底线地去爱。有些女孩可能会破坏别人的家庭或感情，甚至靠出卖自己换取所需，这些是缺乏自尊和自爱的表现。

我自认为是个自立、自强的母亲，这或许得益于父母的遗传。当年，我独自带着孩子来到上海，无依无靠，只能靠自己不断学习成长。

有些女性在遭遇离婚或伴侣离开的情况时，往往不相信自己能够改变生活或过得更好，于是急于寻找新的依靠。然而，当她们将幸福和期望寄托于他人时，对方很可能会让她们失望。试想，如果一个人连自己的价值都看不到，将自己视为"寄生虫"，那么对方又怎么会在意她呢？因此，寄托越多，期望越高，失望也可能越大。

尽力做好力所能及的事情，并放大其价值，从而感受到自己的价值所在。这有助于提升自我价值和自尊心，避免过分讨好他人。

生命的真谛在于每个人都有自己的价值，只有让自己变得有价值，生活才能变得更加美好。 母亲懂得自立、自强、自尊、自爱，不仅是对自己的关照，也是对孩子的保护。

活成孩子心目中的榜样

父母应该过好自己的人生，让自己成为孩子心目中的榜样，这样孩子才能在父母身上看到人生的美好。

我看过一个短视频，一个十二三岁的男孩表达了他对母亲的喜爱，原因在于母亲不仅容貌出众、穿着得体，而且精神状态极佳。这位母亲之所以能够保持如此良好的形象，或许正是因为她心情愉悦，对自己有所要求，并关注自身成长。

学校的孩子普遍喜欢这样一位光彩照人的母亲，而非那些不修边幅、将所有精力都倾注在孩子身上的母亲。尽管后者为孩子付出了很多，但孩子可能并不希望她出现在学校。既然如此，为何不努力成为孩子心目中的理想形象呢？

在追求个人理想的同时，我们还需审视家庭关系中的优先级：是将孩子置于首位，还是将伴侣放在第一位？

维系关系平衡，让家庭更和谐

有一句话，大致意思是说，即使是最恩爱的夫妻，一生中也可能会产生超过两百次想要伤害对方的冲动。家庭矛盾屡见不鲜，争吵也是常见的现象之一。然而，当矛盾出现时，我们应及时化解，而非置之不理，任其恶化。

夫妻关系失衡，家庭就会出现问题

第一种失衡：序位错乱，引发莫名情绪。

正如前文所述，家庭中夫妻关系应居于首位。若序位颠倒，夫妻双方都可能产生莫名的情绪。这是一种隐形的动力或家庭规律，鲜为人知。我已经在这个领域深耕十余年，希望让大家知道，家庭关系的经营之道与隐形动力的关系非常紧密。

第二种失衡：男女地位的巨大差距。

当今社会，部分女性能力出众，无论是在家庭中还是在职场中都能独当一面。然而，其中一些女性可能会因此对伴侣产生不满，认为对方在各方面都表现不佳。她们对伴侣的评价极低，甚至会在孩子面前贬低父亲。同样，部分男性也会认为自己对家庭贡献大，而忽视伴侣的付出。

在一个家庭里，男女应平等相待，夫妻关系也应保持平衡。一方对另一方的持续否定会导致家庭关系失衡。这种失衡会引发家庭关系问题，如吵架、矛盾冲突和暴力等。

第三种失衡：单方面付出，缺乏回报。

家庭和谐还可能受到另一种情况的影响，即一方持续付出，而另一方却只知索取，不愿回报。这种情况在女性中更为常见，特别是在原生家庭中被过度宠溺的女孩。她们在婚后，潜意识里会期望伴侣能无限满足自己的需求。然而，我们在期待伴侣给予的同时，也应思考自己能为对方提供什么。若只知索取而不愿付出，夫妻关系必将出现问题。这种付出应是多角度、多层次的，如一方在经济上贡献较大，另一方则在生活和情感上提供更多支持与情绪价值。若连情绪价值都无法提供，只让对方一味地付出，必将导致关系失衡。

家庭问题和身体问题的原理是一样的。发烧时服用退烧药只能暂时缓解症状，若炎症未消，次日可能再次发烧。同样，家庭关系的失衡若未得到根本解决，则下次遇到问题时仍会争吵。因此，解决家庭失衡问题需要找到根本原因。能力强的妻子应给予丈夫应有的地位，强势的丈夫则需尊重妻子，双方共同努力寻找平衡点。

当家庭成员的心态和内在意识发生转变，意识到对方的重要性时，平衡自然会回归，莫名的情绪也会减少。

家暴是失衡之上的系统性问题

有一种比失衡更严重的情况，那就是家暴，它是一种极端的表现。家暴很复杂，是一个系统性问题，不能简单地归咎于某个人。它不仅是夫妻之间的问题，还涉及各自的原生家庭，甚至家族问题。此外，家暴往往是有遗传性的。

一般来说，家庭暴力失衡可通过自我觉知改变。但是，家庭暴力的动力深重，有些人可能真的超越了头脑的控制。比如，有的人平时表现很好，但一喝酒就变成了另一个人，甚至如同魔鬼一样。醒酒后，他又会主动道歉并承担家务。这意味着，他知道打人是不对的，具备一定的觉知能力。然而，下次醉酒后他又会重蹈覆辙。这种反复无常的行为源于他们在醉酒或某种状态下受潜意识的引领和影响。因此，家暴不仅是个人品质问题，更是家庭系统问题。

面对家暴时，如果能找到更准确的原因，将有助于更快、更有效地解决问题。

进入一段关系前，先约定底线

为避免遭遇家暴，可以提前约法三章，约束彼此的行为并建立底线保障。我会建议一些女性或男性，在进入一段亲密关系前明确自己的底线：无论多么爱对方，一旦对方触碰底线就必须果断离开。明确

自己的边界和底线至关重要,因为每个人的边界不同,最好能够明确表达出来。例如:

第一条,可以吵架,但不能动手打人。

第二条,不能出轨,要对彼此忠诚。

第三条,不能侵犯彼此的人身自由,如限制正常的社交活动。

第四条,必须尊重彼此的家人,不能对彼此的父母有任何不敬。

提前列出边界和防护网是预防阶段。在相处过程中,如果发生了家暴,我会建议向对方明确提出要求并警告其正视问题。因为一旦发生家暴,如果没有采取合理的行动,就会发生第二次。

采取有力的行动

有力的行动意味着告诉对方若再犯,将面临何种后果。这并非恐吓,而是真的会付诸实践。

有一种人平常很好,但在某些特定情况下会突然失控。这表明他在这些方面可能存在阴影或创伤。对于这样的人,我会建议他去寻求心理医生和心理咨询师的帮助。心理医生通常会通过药物治疗疾病,而心理咨询师则能改变人的认知、看待事物的角度和情绪。特别是对于患有精神分裂症或抑郁症等严重疾病的人,我会建议他们先找心理医生问诊、服药以保障生命安全。同时,药物治疗虽能维持生命但无法改善生活质量,需配合心理咨询。对于多次实施家暴的人更应引起重视。

如果是他的伴侣来咨询,那么我会建议他的伴侣选择离开,因为每个人都需要保护自己的生命安全,这是对自己人生负责的表现。

想要家庭更和谐,即便是夫妻也要有意识地拥有自己的独立空间和时间,这是在有限条件下对感情的一种经营和保护。此外,尊重伴侣和他的原生家庭将为家庭和谐注入更多能量。若能做到这些,你便已把握了家庭和谐的九成关键。

回顾你的家庭生活,有哪些事情做对了,又有哪些事情需要改变?

理解孩子，给予孩子足够的爱

对于孩子而言，接受学校教育不仅是获取知识的过程，更是让孩子学会在集体中生存和发展的重要阶段，学校作为首个脱离家庭的社会组织，承载着培养人际交往能力、塑造抗挫折心理的核心功能。在这里形成的人际关系构成了孩子最初的社会网络雏形。

洞悉孩子的心理需求

当今的孩子与我们那个年代的孩子大不相同。过去，我们有大量的时间在玩耍中建立人际关系。而现在，孩子的人际关系多建立在线上，如微信、QQ和游戏空间等网络平台。家长必须与时俱进，意识到网络环境的重要性。

十年前，孩子使用手机和电脑主要是为了玩游戏。而现在，这些设备已成为连接社交关系的工具。因此,家长对手机的定义、观点、想法和认知都需要有所更新。

孩子沉迷手机主要有两大原因

1. 游戏成瘾

喜欢打游戏是大多数孩子的共同特点。这背后其实是孩子在满足自己的心理需求。孩子通常有十种在意的价值,家长们如果了解并在日常生活中融入这些价值,无论是推动孩子做功课、看书、运动还是做家务,都会变得容易许多。

这些价值包括节奏感、多样性、神秘性、刺激性、挑战性、竞争性、意外性、认可机制、助人体验、能力验证。电子游戏通过即时反馈、成就系统、社交互动等设计,精准契合这些心理诉求,为孩子提供情绪价值。

如果家庭环境无趣、压抑、充满抱怨和限制,孩子自然会转向游戏寻找乐趣。

家长如果了解孩子行为背后的动机和获得的价值,就会明白,如果家庭生活充满趣味,孩子又怎么会去游戏里寻找乐趣呢?可以说,孩子沉迷游戏也是一种警示,提醒我们现实生活中家庭关系的失衡。

我的孩子小时候也喜欢玩游戏,但现在不再玩了。我好奇地问他原因,他说因为生活太美好了,有太多有趣的事情可以做,如滑雪、健身、游泳,还可以和同学一起露营、品尝美食、结交朋友。相比之下,玩游戏不仅浪费时间,而且很累。

这意味着，是家长没有为孩子提供他们渴望的价值，游戏才成了一种替代品。

2. 社交需求

社交需求是指孩子沉迷于正常的社交，如和同学聊天，这与我们过去的行为相似，只不过从线下转移到了线上。有些孩子甚至会和陌生人聊天，原因在于现实生活中没有人理解他们，没有人支持他们，甚至连父母都无法理解或提供他们渴望的情感支持。他们无法与人分享某些东西，只好到虚拟世界中寻找倾诉对象，表达自己的感受和观点，甚至在虚拟网络中寻找爱情。

家长需要了解孩子喜欢上网背后的原因，了解孩子在网络中获得了什么，然后在生活中做出一些改变，这需要时间和耐心。改变家庭环境，改变父母自身，孩子才真的会改变。

青春期是儿童到成人的过渡阶段

对于孩子而言，青春期不仅意味着年龄的增长，更是由儿童走向成人的过渡阶段。这意味着，青春期的孩子既有儿童的特点，也有培养成人思维的过程。他们的典型心理特点是觉得自己已经成年了，懂的比父母还多。当然，我们不仅要了解青春期孩子的这些心理特点，还要了解他们的生理特点。

在青春期，孩子的性激素水平会剧增导致情绪波动大。有时，他们会有难以控制的烦躁、易怒等情绪，这是典型的情绪调控失衡现象。这个时候，家长千万不要跟他对着干，不要跟他争对错，因为你是了解他的，自然理解他是怎么从一个乖乖的孩子变得不听话的。让他往东，他偏要往西，是因为他正在经历这个特殊时期，为什么一定要跟他针锋相对呢？

家长如果不愿意学习如何与青春期的孩子相处，看到孩子犯错了就否定、指责、打击孩子，说孩子退步了，不如小时候优秀、懂事、可爱，是不对的，家长应该避免发生这种情况。

青春期的男孩应该多与父亲相处，因为父亲经历过这个时期，有感同身受的经历。父亲和孩子交流时，更容易相互理解；青春期的女孩应该多和母亲相处，因为这个时期的女孩子生理和心理都更偏向于成年女性。

当然，青春期的男孩和女孩也有共同的特点：在他们小时候，家庭是最重要的，父母是他们最主要的人际关系环境。到了青春期，同龄人的重要性则会超越父母。他们会追求特立独行的服装和发型，以满足对美的需求。他们很在意别人对自己的看法，特别是同龄人对自己的看法。这也在为他们未来走入社会打了基础。

激发内在动力

无论孩子处于哪个成长阶段，属于哪种性格类型，学习始终是家长最关注的焦点。有些孩子常会被贴上"不爱学习"的标签。然而，不爱学习往往是结果而非原因。这一结果源于父母在孩子成长过程中对其学习状态的态度。例如，父母的鼓励或否定都会对孩子的学习状态产生深远影响。

以我的孩子为例，他起初是个典型的不爱学习的孩子。从小学一年级到高中，他对学习始终提不起兴趣。然而，在报考大学前夕，他突然开始热爱学习，甚至在研究生阶段更加投入。这一转变的原因在于，他意识到学习是为了自己，是为了实现个人的目标和理想。

起初，他不爱学习时，我会要求他每天背多少单词、完成多少作业，如果他做不到，我就会苦口婆心地劝说他。然而，他个性坚强且敏感，对我的话常常置若罔闻。尽管我尝试了各种方法，但都未能奏效。那时，我感到十分痛苦，但也意识到自己必须做出改变，必须通过学习提升自己。

通过学习，我了解到他的状态和情绪，包括爱发脾气、不耐烦等，都是受原生家庭氛围和我自身状态的影响。于是，我首先调整了自己的状态，对他更加包容，减少了对他的要求，开始关注他的优点并给予鼓励。我不仅在口头上支持他，还在行动上给予帮助。

渐渐地，他被激发了，发生了巨大的转变。当他意识到学习是一种选择，是为了帮助自己实现目标的时候，他便明白了他是在为自己学习，从而产生了内在动力。这股内在动力驱动他考上了大学，并顺利毕业，后来还成功申请到了哥伦比亚大学的研究生。

从我的孩子身上，我深刻体会到，给予孩子足够的爱和信任，是他们一生的财富。

如果你总觉得孩子不够好，不妨问问自己：你足够相信并了解你的孩子吗？对孩子的了解程度，如果满分是 10 分，你给自己打多少分？

特殊家庭的亲子相处之道

前文提到,我的家庭是一个父位缺失的特殊家庭。我为孩子付出了比正常家庭更多的努力,才有了孩子如今的身心健康。

因为自己淋过雨,所以总想为别人撑一把伞。每当有学员告诉我想离婚,我的第一个念头就是——不要轻易把离婚放在第一位。

在我看来,许多人选择离婚往往是因为缺乏夫妻相处的技巧和经营家庭的能力,容易冲动行事。即便他们因情绪而选择分开,实质问题也并没有得到解决。

即使已经决定离婚了,也可以先缓一缓,给自己一个学习的机会。当你掌握了更多知识,对发生的问题有了一定的理解能力,有了更广阔的视野和更高维度的视角后,再回过头去看你的家庭和伴侣,你会发现许多曾经的困扰已不再让你痛苦。

如果你正处于一段艰难的婚姻中,坚持下去也未尝不可,在某些方面甚至可以取得成功,如维持各种关系的和谐、妥善处理个人财产等。家庭的难题不是离婚就能解决的。生活中有各种类型的特殊家庭,它们有不同的特点,家庭成员之间也需要不同的相处之道。

单亲家庭

一旦离婚,单亲家庭的母亲需要变得更加强大,因为原本由两人共同承担的事务现在只能由一人完成。在教育孩子上,单亲家庭的母亲需注意的是,不能因为法院把孩子判给自己就否定孩子父亲的权利。孩子的父亲应参与孩子的成长,母亲要创造机会让孩子与父亲相处。

孩子的生命一半来自父亲,一半来自母亲。这一点永远不会改变。对于孩子来说,父亲、母亲和孩子之间的亲子关系也永远不会改变。为了孩子的健康成长,离婚后,夫妻双方也应尽量保持和平与和谐,避免怨恨。

如果父母分开后仍处于冲突状态,孩子内心就会产生两股力量,它们之间相互较劲,导致孩子时而自信,时而自卑,既想努力又选择"躺平",这就是内耗。如果父母之间和谐,孩子内在的两股力量也会和谐。

两个人在一起是因为有缘分,缘分尽了就要坦然接受分开的事实,这对孩子的身心成长是有益的。

多子女家庭

现在,国家有鼓励生育的政策,多子女家庭逐渐增多。在多子女家庭中,常见的问题之一是父母在生育二胎、三胎后,会自然而然地认为对老大的爱被分割,从而感到内疚。

其实,这是一个很常见的误区。首先,父母应该坚信给孩子的爱是完整的,没有被分割,如果因生育二胎、三胎而对老大感到内疚,老大是可以感受到这种情绪的。其次,父母应尽量做到公平对待每个孩子。比如,给老二、老三买礼物时,也应给老大买一个他喜欢的玩具。父母在物质上应尽量顾及每个孩子的需求。

随着孩子的成长,如果条件允许,我建议父母要与每个孩子都有单独相处的时间,如每周和一个孩子一起外出用餐并交流,这是孩子成长过程中非常重要的亲子时光。这样做可以让孩子更容易感受到父母的爱,不会因为家庭成员的增加而受影响,从而更健康地成长。

再婚家庭

再婚家庭是比较特殊的模式,双方通常各自有子女。对于这种情况,我的建议是,在结婚前想清楚如何看待自己的孩子和伴侣的关系。当你的伴侣带来了他的孩子,一方面,你可以像孩子亲生的父亲或母亲一样爱他、关心他;另一方面,你也要明确地知道,你不是孩子的生父或生母，因此，对孩子的生父或生母要表现出足够的尊重与接受，这会让你与孩子的相处变得更为轻松。

隔代教养

现代社会，许多父母因工作压力而无法照顾孩子，于是把孩子交给爷爷奶奶、姥爷姥姥帮忙抚养，这种情况称为隔代教养。父母需明确，养育孩子是自己的责任，而不是爷爷奶奶、姥爷姥姥的责任。不同年代的人教育方式不同。对于帮忙的人，我们不要挑剔，做得好就表扬，做得不好就减少他们的负担。

如果恰巧你是爷爷奶奶或者姥爷姥姥，我想告诉你，不要替父母承担他们的责任，你是一个协助者，而不是一个主导者。你可以在生活上给予支持和便利，如帮忙接送孩子，但教育孩子还是要以父母的观念为主。

找到"组织"，共同成长

俗话说，"家家有本难念的经"，一个特殊家庭，尤其会遇到形形色色的问题。

在很多人眼里单亲家庭似乎是一个弱势群体，好像我们不如别人，我们的孩子也一定会出问题。对此，我不敢苟同。事实上，很多优秀的人都成长于单亲家庭，单亲家庭的母亲也不一定就会很辛苦。

第三章 | 爱、家庭与光亮

以我的家庭为例,孩子的父亲已经去世,但我会对孩子说:"爸爸虽然不在了,但你继承了他的基因,你的身体里有他的能量。"我会给他讲他爸爸的优点、品德和习惯,让他和爸爸建立心灵的联系,这对他是有益处的。

通过学习专业知识,我会更加有意识地和我的孩子谈论他的爸爸。比如,吃东西的时候,我会跟他说:"你爸爸很喜欢吃某种食物,你也很喜欢。"我们去某个地方游玩的时候,我会和他说:"我记得当年我和你爸爸也来过这里。"慢慢地,他就会主动问我和爸爸相关的事情,这表明他内心已经能够正视这件事了。

然而,在生活中,许多人却不会像我这样做,他们觉得谈论逝去的亲人是在揭伤疤,太痛苦了,因此避而不谈。这种做法是不正确的,每个人内心都渴望与自己的生命源头,也就是亲生父母建立联系。如果你不告诉孩子,他会认为这件事是禁忌,从而不敢开口。

你要明白,亲人的去世并不是你的错。别人怎么看待你是他们的事,关键是你自己的看法。**接纳自己,才能更好地走出困境。**

我成为单亲母亲时还很年轻,对这件事最明显的感受是羞耻和丢脸。我常常问自己:"我做错了什么?如何摆脱这种感觉?"直到有一天,我在报纸上看到一位单亲妈妈的招募信,她计划组建一个类似读书会的团体,专门为单亲妈妈提供支持。我非常激动,终于找到了"组织"。然而,当我参加时,发现只有我和招募者两个人。我能理解,许多女性在经历这些事情时缺乏面对的勇气。

然后,与这位单亲妈妈的接触刷新了我的认知。她自强自律,开了一家私人诊所赚钱养家，深受患者信赖。她的孩子学习成绩优异，尤其是在写作方面才华横溢，作品常发表在报纸上或在学校里展示。

在与她相处的过程中，我学到了很多东西，如一些教育孩子的方法，以及如何应对他人的闲言碎语。她没有学过专业的心理学，却给了我一种"同盟"的感觉。她不像我的家人那样可怜我，也不像外人那样嘲笑我，而是让我觉得我们是平等的，这给了我巨大的力量，对我的帮助很大。

通过这段经历，我意识到，如果单亲妈妈感到无力或对生活有所不满，其实可以寻找一个生活得好的榜样，或者加入一个能给自己提供支持的圈子。我就是这样找到了她，并和她一起走了出来。

妈妈是孩子的引领者

在亲子关系中，妈妈的能力和意识往往高于孩子，她是孩子的引领者，甚至是孩子模仿的原型。在正常家庭中，如果父母中有一方角色缺失，另一方积极一点，也能起到引领孩子的作用。但是，对于单亲家庭的妈妈来说，你是孩子唯一的模仿对象，你对孩子的影响更大，无论是正面影响还是负面影响。

许多妈妈认为，只要全力以赴培养孩子，让孩子成绩优异，就能成功。但这种成功可能只是表面的，孩子的内心可能仍存在巨大的空洞，因为妈妈自己并未释怀。相反，如果妈妈能够释怀，孩子的内心也会变得强大。

总之，单亲妈妈的自我成长不仅对自己有益，对亲子关系的促进也会发挥巨大作用。将调皮捣蛋、辍学的孩子培养成温暖的孩子，这个过程本身就是家长的蜕变。

最后，我想强调的是，**无论家庭结构如何变化，我们都不能忽视一个重要原则：关系可以重构，秩序不能打破。**

那么，你有没有因为家庭的重构打破过"妈妈是妈妈，爸爸是爸爸"的秩序呢？

活成孩子眼里的一道光

身为家长,能活出生活的美好,成为更好的自己,就是孩子眼里的一道光。

所谓榜样,不是结果,而是做好过程中的每一步。

身教重于言教

父母如果老实本分、量力而行,并对孩子多一些包容,孩子通常会变得平和。然而,有些父母自己不努力,却要求孩子奋斗、出人头地、光宗耀祖。这种教养方式会让孩子对父母产生逆反心理甚至反感。

身教重于言教,父母希望孩子成为什么样的人,自己首先应该成为那样的人,否则对孩子的要求是没有说服力的。比如,父母希望孩子自强自立，自己就要先做到自强自立；希望孩子阳光、充满正能量，自己就要先积极、阳光。这就是榜样的力量。如果父母每天都在抱怨，却要求孩子身上充满正能量，这几乎是不可能的。

妈妈在家庭中的角色

通常，一位女性除了母亲这个角色，还会在家庭中扮演其他角色。以我为例，我是一名老师、咨询师，是一个有能力帮助很多人的人。孩子看到了这个过程，会认为我是一个坚强、勇敢、自立、自强、自爱、自尊、热爱生活的人。孩子会从我身上不断寻找社会角色的榜样，自然而然地成为那样的人。

你是一个友善的人，孩子就会学会友善；你是一个有耐心的人，孩子就会学会有耐心；你是一个孝顺、懂得感恩的人，孩子就会自然而然地成为一个孝顺、懂得感恩的人。

我看过一个创业节目。其中一位妈妈经营着自己的公司，从事农产品网络直播。主持人问她和孩子，他们的偶像是谁？妈妈和孩子都提到了孩子的爸爸，这个爸爸是什么样的人呢？他不是事业心强的富人，而是默默支持自己的妻子，把家庭打理得井井有条、充满耐心和爱心的人。在外人看来，他或许不是所谓的成功人士，但在妈妈和孩子心中，他是他们的榜样。

从来没有一个具体的标准要求你做到什么样。你只要遵循着自己的本心，做真实的自己，善良地活着，自然就会散发出独特的光芒。

榜样是自然而然的结果

每个人都有自己的天赋和特长，任何一个母亲都不需要成为其他任何人。然而，许多妈妈为了成为孩子的榜样，一味地追求结果，反而忽略了自身的品质和对待事物的态度。

在我看来，妈妈本身就是榜样，不一定要追求多大的成功，只要成为自己，认真对待生活，有自己的生活态度和为人处世的方式，保持良好的生命状态，这就足够了。

许多妈妈为了给孩子做榜样，会让自己变得很为难，我不认为这是一种好的方式。比如，在孩子游泳时，你是陪着他一起游，还是让他自己游？我曾尝试着陪孩子游两小时，但发现自己做不到，最终放弃了。这是一个关于边界感的问题，也是重要的理念：让孩子成为孩子，妈妈成为妈妈。

你希望孩子发挥他的天赋，做他自己。这并不意味着你必须为了孩子而成为这个领域的专家。如果给自己设定一个过高的标准作为榜样的定义只会增加压力，甚至用道德绑架自己。

放下"我要成为孩子的榜样"的想法，让榜样成为自然而然的结果。过得好才是最真实、最重要的目标。

如果你是一个家庭主妇，就完全不需要让自己变成一个让孩子感到自豪的女强人，也不需要开一家让孩子感到自豪的公司。你可以每天陪伴孩子、支持伴侣，把家里打理得井井有条，享受家庭生活，在家庭中展现自己的价值，活出美好的一面，做一个最有品位、最享受生活的家庭主妇。此时，你不仅是一个家庭主妇，更是生活美好方式的倡导者，这也是一个高级的榜样职业。

由此可见，**家庭也可以是你的事业，而且是非常重要的事业。你无须成为任何人，只要成为更好的自己就可以了。**

那么，现在的你是在努力成为别人，还是在成为更好的自己？

人生如负重前行,不可急躁。

第四章
成为更好的自己,相信生命有更多可能

断舍离，清理生命中不再需要的东西

"断舍离"一词，源自"断舍离"推广人山下英子。她的理念主要聚焦于物质世界，如将闲置物品转赠他人或丢弃。然而，断舍离不仅适用于物质世界，还应延伸到精神世界，包括情绪、信念、认知和人际关系等方面。

情绪需要断舍离

有些情绪，如"后悔"，会给人带来负面的影响，因此有必要进行断舍离。后悔通常源于未能实现某些期望，这种情绪虽然普遍，但不能成为常态。深陷后悔情绪会让人看不到未来，甚至错失机会。有些人误以为后悔是复盘的结果，这种误解会消耗能量，拖累甚至拖垮他们。

信念认知需要断舍离

人的认知主要来自父母的教导、老师的传授、阅读和个人经历，最终形成个人的信念系统。当我们意识到某些从原生家庭继承的信念系统不仅不支持自己，反而阻碍甚至伤害自己时，我们就需要进行断舍离了。

比如，许多父母要求孩子听话，认为听话的孩子才是好孩子。这种认知源于我们不能理解：**我们是为今天而生的，孩子是为未来而生的**。什么意思呢？如今，时代变化得很快。孩子需要有自己独特的、符合时代和年龄环境的认知，并与时俱进。他们今天的成长是为了未来能够融入这个世界，创造属于自己的价值。

而我们并不知道未来会是什么样的环境，也不知道他们要应对什么。如果孩子完全听从我们的话，或者完全遵循我们的意志和愿望去生活、做选择，他们很可能无法养成应对未来无限可能的能力，最多只能成长为我们的样子。

再如，有些父母对钱的认知存在偏见，认为"有钱人为富不仁"等。这种认知潜移默化地影响了孩子，使他们在潜意识中限制自己赚钱的能力，从而影响他们实现梦想和创造财富。因此，类似这样的观念一定要果断地断舍离。

人际关系需要断舍离

人际关系同样需要断舍离。与负面、低能量的人交往，虽然偶尔聊八卦可能带来短暂的愉悦，但对个人成长并无益处，反而可能降低你的能量。如果这些人没有成长意识，长期传递负面情绪，与他们同频共振久了，你也会受影响。

因此，类似这样的人际关系需要断舍离。

在进行断舍离时，如果不能确定某事物是否阻碍你变好，可以参考以下标准：

1. 身体是否变好。

2. 人际关系是否更和谐。

3. 情绪是否更平和愉悦。

如果某事物与上述标准相悖，就必须断舍离。

感受自己的信念系统

在情绪、信念系统和人际关系中，信念系统起着决定性的作用。许多人的最大困惑是感受不到自己的信念系统。经过多年积累，我总结了一套简单的方法，可以帮助大家感受自己的信念系统。

1. 我和他人的关系

我经常会认识新的朋友，有些人可能最初投缘，但相处一段时间后会发现，他们总是抱怨各种事情、各种人。这时，我会做出评估并判断是否值得与这个人继续交往。如果我认为能够协助他做一些改变，我就会尝试一下；如果尝试改变无果，我就会选择不再深入交往。毕竟，人生短暂，应该把时间和精力放在自己喜欢的、积极的、享受的事情与人身上。

2. 我和金钱的关系

在我们的圈子里有一种集体意识：认为金钱粗俗、俗气，应远离它。这种潜意识中的偏见会让人难以赚到钱。许多人会忽视这种偏见，反而将赚不到钱归咎于运气、机遇不好或缺乏贵人的帮助。

3. 我和自身信念的关系

浅显的信念往往很容易感知，而潜意识中的信念则需要更多的积累和洞察。有时候通过感知自己的情绪，可以感知潜意识中的信念。**因为事情本身不会带给人情绪，对事情的认知才会带来情绪。**如果某件事引发了你的负面情绪，说明你的信念中已存在负面情绪。也就是说，人的很多情绪其实是潜意识的语言。想要改变情绪也很简单，就是要先找那个相应的信念。

4. 找到信念的方法

人的身体其实是一个非常智慧的"管道"。正常站立时，双脚与肩同宽，双手自然下垂，膝盖微微弯曲，轻闭双眼，会很容易放松。这时，如果说出"是"（以自己能听到为准），身体就会自动向前；说出"不是"，身体就会自动向后。这个方法可以通过潜意识中的想法来测试和了解自己的信念系统。

比如，明明很努力却赚不到钱的人，可以按照上述的步骤问问自己，是不是讨厌金钱、害怕赚到更多钱。如果身体向前，则说明潜意识中确实有讨厌和害怕金钱的部分；如果身体向后，则相反。

生活中的许多难题和困扰都可以用这个方法进行测试。比如，你与父母、工作、伴侣、自己以及很多事情的关系等。

看见是改变的开始，当我们能够看见并改变，信念就会随之转换。

有自己的标准，做喜欢的事情

感受到自己的信念系统后，断舍离就会变得相对简单。你知道了自己究竟是什么样的人，知道了自己真正想要的是什么，你的方向就会很清晰。在此基础上，你要思考自己的愿景和使命，在更长期的维度里清理不必要的东西，将时间和精力花在真正喜欢的事情上。只有这样，你才能成为更好的自己。

比如，我最初在上海办培训班时，只是一种尝试，并不确定是否要一直做下去。在办培训班的过程中，我个人的感受很好，还和朋友合作加盟了我老师的上海分公司。其间，我始终是一个人带着孩子在上海生活，上海的房价和生活成本都很高，我们只能租房住。老家的很多人觉得我这样很辛苦，劝我说："你一个女人带着孩子，在大城市打拼太不容易了。快回来吧，在这里你有房子，有舒服的生活环境，会轻松很多。"

他们说得很对，在老家，我有房子有车，住的还是高档小区。每次遇到困难时，我也不是没有动过心思，想就这样算了吧，可能上海不适合我，回老家是更好的选择。但是，我不愿轻易放弃自己的理想。因此，即便几经波折，我也努力在坚持。

然而，坚持了三年之后，最终的结果依然不尽如人意。在心情低落的情况下，我决定回到最舒服、最熟悉的地方——老家。恰巧，我遇到了一个人，他在内蒙古做一个项目，邀请我和他一起工作。虽然不在我的家乡城市，但毕竟离家近一些。我就去了他那里工作。起初，我对这个项目并不太了解，但他很会引导，让我对他及项目都有了很好的感觉。但深入一两个月后，我发现我并不认同他做的这件事。出于契约精神，我坚持在做，可整个人的状态都不好，感到很不舒服。在这种情况下，我最终接受了家人的建议，回到了自己的老家。

可是，当我真的回到那个熟悉的环境中时，我才发现，情况并不像我想象的那样，心态也没有我期待的那样轻松。于是，我选择再次回到上海，从头再来。

家人和朋友们觉得，我是走在最难的那条路上。可我自己知道，我的内心是舒服的、自洽的。有了这个前提，即使外部环境再差，我也能找到自己的使命，看见自己的未来。

在我真的找到自己的使命感时，那种幸福感是不言而喻的。

在寻找使命感的过程中，我有两点经验。

1. 多尝试，不舒服时及时止损

我曾与人合伙创办公司，苦苦经营三年后因合作问题而选择撤出。及时止损才是明智的选择。可是，面对同样的局面，许多人会舍不得放手，宁可继续苦苦煎熬。

2. 看价值愿景，而非外部安逸的环境

我回到老家后又返回上海，许多人对此不理解。但我很清楚自己想要的生活。虽然老家的环境安逸，但不符合我的价值愿景。有了这些经历，我摆脱了纠结和内耗，对断舍离也有了更深刻的认知。**断舍离的关键是听从内心的声音，不被外部因素干扰。** 问问自己：现在舍不掉的，真的是你舍不掉的吗？现在想做的，真的是你想做的吗？

做自己热爱且擅长的事

我一再强调，喜欢是做好一件事情的基础。当然，爱好和事业需要稍加区分：爱好是喜欢什么就做什么；事业则应该选择自己热爱且擅长的，这样更容易走得长远。

许多人工作不快乐，是因为他们的工作不是真的适合自己。人都有天然的特质，有擅长的和不擅长的事情。当一个人做自己擅长的事情时，会感到轻松和适合。

因此，在选择职业时，喜欢很重要。如果还能符合自己的特质，就会让人感到更容易、更轻松。

| 第四章 | 成为更好的自己，相信生命有更多可能 |

发现自己热爱且擅长的事

当我们执着于追求自己热爱的事情时，内心会感到愉悦；真正付诸实践后，也往往能取得不错的效果。那么，效果该如何衡量呢？比如，作为咨询师，你的建议帮助他人向好的方向转变；作为教师，你的课程让学生有所成长；作为餐厅老板，你的菜品让顾客满意并心情愉悦。这些都是效果的体现。

热爱不仅给你带来情绪价值，还让你享受过程，激发兴奋感。因此，从事热爱且擅长的事情更容易取得成功。然而，许多人并不清楚自己真正热爱且擅长什么，这往往源于认知层次的局限。

我接待过一位女企业家的来访，她经营着一家拥有几十名员工的外贸公司。起初，她目标明确，就是要赚钱、买房、买车，让孩子上好的学校，所以她很积极努力。尽管近年来外贸行业不景气，她的公司却一直在盈利。然而，在物质需求得到满足后，她的内心深处开始质疑外贸工作的价值，认为这只是"倒买倒卖"。

我问她："你认为什么是有价值的？"她回答："像你这样的咨询师、疗愈师能够帮助别人解决问题，让他们变得更好，这才是有价值的事情。"她认为，只有传播大爱的工作才有意义，而她的工作与此不符，这让她陷入困扰。尽管公司盈利，她却每周只有一天能正常工作，其余时间都在纠结是否继续。

她的理想是在市中心的商场开设一个免费阅读空间，摆放有关中国传统文化的经典书籍，供顾客免费阅读。虽然我非常赞同她的想法，但我必须引导她回到现实。

　　我问："你这样做的目的是什么？"她回答："目的是唤醒更多人，让他们学会感恩，孝敬父母，热爱生活和生命，学会慈悲。"我继续问："顾客可能因为好奇进来阅读一两个小时，但下次他们何时再来？"她说："可能在下次逛街时再来。"我又问："只读一两个小时的书，你觉得对于他人生的改变有多大作用？"这时，她承认："可能没什么作用。"于是，我问："那么，这件事情假如你做了，对于你的目标的实现有没有效果？"她说："没效果，它只是我想实现的梦想。"

　　说到这里，她自然就意识到，现实和她想要实现的目标结合在一起，不过是一个美好的梦。随后，我问："你公司的员工收入如何？"她回答："在同行中属于中等偏上。"我问："获得收入以后，他们会做什么？"她说："可能给孩子提供学习支持，给老人提供物质支持，让家人过上更好的生活。"我指出："这不正是你创造的价值吗？"

　　我还向她解释了企业间的上下游关系：上游企业依赖于下游企业生存，如果下游企业倒闭，上游企业也会受影响。也就是说，她的公司不仅养活了员工，还支持了上游企业的生存。她的愿望是帮助别人，当她发现自己正在做的事情比她梦想中的事情更有价值时，她的力量感和投入度就会发生很大的变化。这也是为什么在市场不景气的这几年，她的公司业绩持续增长的原因。

　　在我看来，她做的事情没有改变，只是她的视角和信念系统发生了变化，从而改变了她的情绪，增强了她对事业的热爱。

对于大多数人来说，换职业并不容易，因为这需要时间成本、精力成本等多个方面的投入。因此，改变自己对当前工作的认知，找到工作中的价值，发现自己的热爱，才是最划算的选择。

做事业就像谈恋爱

很多人做事容易三分钟热度，一开始充满热情，但逐渐变得麻木，陷入重复的陷阱。李善友教授讲过一个观点，有些人做事会跟随着自己的惯性，这样会减少成长和进步的空间。

这就像夫妻关系。恋爱初期充满激情，但几年后可能变得平淡无奇。亲密关系需要经营，需要创造一些生活中的小确幸，有意识地找到让自己感到有意义、有价值、有趣的事情，以保持热情和爱的感觉。比如，带家人旅行、组织家庭烧烤派对、一起 K 歌等，这些都能让家庭氛围更和谐，让人的心态更平和。

这样的生活状态也会影响一个人在事业中的表现。在事业中取得成绩时，也应像谈恋爱时一样，适当给自己一些仪式感，以保持积极的情绪。

1. 奖励自己

很多时候我们总觉得，人生道路上有一个很大的目标在等着我们。但实际上，这个大目标是由许多小目标组成的。我们不能只看向远方，而忽略了身边的风景。

当我们到达一个站点时，应该给自己一些奖励，创造一种仪式感，来庆祝自己的进步。除了奖励自己一顿大餐或和同事们一起庆贺，还可以给自己买个小礼物。各种各样的小奖励其实是在告诉自己，我正走在实现大目标的正确道路上。

2. 利他，确认自己的使命

从功利主义的角度来看，使命感似乎是一个无用的东西。但实际上，它的意义深远，甚至胜过千金，它往往是比奖励自己还要大的驱动力。比如，对于我而言，我帮助学员解决了一个问题，这可能只是完成了一项工作，但如果能意识到我是在改变一个人的命运，甚至影响更多的家庭，那这件事就变得更有意义了。

当你有了一个伟大的使命时，需要通过每一个小小的行动来不断确认它。不断坚持一个个小的使命，最终会滋生出大的使命。

3. 把每一次失败都当成一个小提醒

做一件事情，失败的概率通常大过成功，因此，对失败的总结就显得尤为重要。做事情时，一定要学会转变思维，把每一次失败和挫折都当作对自己的一个提醒。这个提醒的意义包括情绪价值和长远的成长的意义。

4. 看到更多可能，选择是一种能力

我们公司有一条价值观，是看到更多的可能性，这种意义感是需要我们去发掘的。

任何事情都有两面性。从心理咨询这个工作来说，很多人的看法是，心理咨询师就是情绪垃圾桶，找他们咨询的人都是在向他们倾倒负面情绪。但如果只看到负面价值，就很难看到这个职业的正面价值，你的内心就容易产生懈怠。

归根结底，这其实是一种选择的能力。在做事情的过程中，一定要学会看到它的正向意义。即使失败了，也要看到其中的积极因素。

事业和家庭的有效平衡

面对事业和家庭，许多人认为鱼与熊掌不可兼得。这种非 A 即 B 的思维是许多人的底层逻辑。实际上，我们可以两者兼顾，只是需要新的方法。

第一点，打开思维，方法总比困难多。

一个问题会有 N 种解法。首先，需要明确目标是什么；其次，需要制订计划来实现它；最后，需要坚持不懈地执行这个计划。

这是一种思维方式，这种思维方式能激发无限潜能。当我们说"不可能"时，潜意识会关闭可能性的大门，让我们真切体验到"不可能"。当我们说"我想做到这两件事情，我该怎么做"时，潜意识会给我们打开"三扇门"，找到三种方法来支持我们的目标。

这就是我们内在潜能的工作方式。最终你会发现，你一定能找到适合你的方法，这是思维能力的训练和改变。

第二点，靠近那些强大的、有能力的人，向他们学习。

如果觉得仅凭自己的力量很难改变，我们也可以向优秀的人学习，模仿他们。现实中，你可以去观察身边工作出色、家庭经营得好的人，与他们交朋友，向他们请教，他们会告诉你该怎么做。如果身边没有这样的人，那就去书中寻找，找到这样的偶像。尽可能先从身边开始找起，扩大自己的圈子。

第三点，不要低估自己的潜能。

很多时候，人们往往会高估自己的能力，而低估自己的潜能。做事情时，人们往往认为自己一定能完成，但实际上，个人能力并未达到，失败时总会被沮丧情绪笼罩。于是，开始否定自己的一切。在这个状态下，就会忽视自己的巨大潜力。

要知道，你的关注点在哪里，你的未来就在哪里。当你关注困难时，困难就会被放大；当你关注自己的某个缺点时，缺点就会被放大；当你关注可能性和方法时，你的潜能也会被放大。

人的潜能是无限的，只是缺少激发的机制。尤其是在你热爱且擅长的事情上，你的潜能会被极大地激发。如果你有很多解决问题的方法帮助你实现目标，你的自信就会自然而然地提升，力量感也会增强，进而行动也会配合上。

弗洛伊德说："去爱，去工作。"爱是对家人，工作是创造价值。两者是可以兼得的。

做自己热爱且擅长的事情，很多问题都会迎刃而解。我常常问我的学员：你会无怨无悔，毫无遗憾地对待你的人生吗？

没有失败，只有提醒

爱迪生在研发灯泡的时候，做了很多次实验，也失败了很多次，但他并不觉得自己失败。他说，每一次所谓的失败都说明过去的研究方法是不对的，它只是"不成功"。那个"不成功"相当于提醒自己需要去寻找新的方法。

我对人生的看法也是这样的。当遇到失败时，我们不应该只看到失败，而应该看到失败背后的机会。

只看到失败会让人陷入后悔和内疚。

在霍金斯能量层级中，后悔和内疚的能量是非常低的。它们会伤害人，会削弱人的力量。为了避免降低自身能量，我们不需要担心失败，只需要向前走，去寻找新的方法。

我一直觉得，不应该过分强调"成功"和"失败"这两个词。很多人对失败的定义会让人感觉无力，陷入固定性思维。就像一个人上下班经常走同一条路，有一天路被封了，你会选择等在那里，还是换一条路回家？显然，你会换条路。因为你的目标是回家，而不是走那条路。

生活和工作也是如此。**既然此路不通，那就换一条。千万不要把走哪条路当成你的人生目标。当你的目标清晰而坚定时，就不会停留在不成功的选择上，而是让自己自然而然地去选一条新的路。**

把"没有失败，只有提醒"刻在你的潜意识里，刻在你的骨子里，刻在你的大脑里，刻在你的心里，让它成为你的本能思维。例如，我丈夫刚去世时，我曾想，如果我丈夫不开车，或我和他一起出差，也许他不会遭此厄运，我的人生也会有所不同。可是慢慢地，我意识到，这样的假设非但无助于我摆脱困境，反而会让我更加痛苦，因为我无力改变"丈夫去世"这个事实。

如今，我再回头去看，我认为这些都是人生的体验。每一次所谓的"失败"中，都有一份值得我学习的东西。如果我没有经历生命中如此重大的事件，那么可能现在我会在老家过着安逸的生活，每天做着平淡的事情，没有机会体验今天我所体验到的这么多美好和幸福。

现在，我做着有意义的工作，体验到了事业带给我的价值感、使命感和人生的意义感。我觉得我这辈子没有白来，我很自豪。

放过自己,你已经做了最好的选择

一个人在能力不够、认知不够时,犯错是很正常的。我们要学会放过自己,认真思考可以做些什么来改变现状,整理自己的资源,总结自己走过的人生弯路和失败的经验。

成功是什么?很多人认为,成功就是有名有利。我却觉得,能一直做自己喜欢的事情,享受每一个当下,享受生活和工作,就算很大的成功。

有些人,在别人眼里符合社会的成功标准,有名有利,但内心充满怨恨、后悔和痛苦。那么,这个成功是他自己的成功,还是别人眼里的成功?

如果你真的聚焦在做自己喜欢的事情上,那么你会自然而然地成功,赚钱也是自然而然的事。反之,如果你把赚钱当作做一件事情的首要目标,那么你会焦虑,甚至会急功近利。对于深陷焦虑的朋友,我的建议是:

1. 抛弃过去,放过自己。
2. 利用现有的资源去行动。有效果就继续,没有效果就改变,再继续尝试。
3. 要相信,成功是自然而然的事情。

爱、肯定与自由

挫折常被视为自我教育的手段。许多家长甚至认为，无论是自我修炼还是培养孩子，都需要进行一定的挫折教育。例如，一些学习型家长认为不能让孩子成为温室里的花朵，要对孩子进行挫折教育。

然而，我并不认同这个观点。**在生活和工作中，顺境和挫折都是自然存在的，不需要刻意制造。在遇到挫折时，拥有面对和处理的力量与能力，才是最重要的。** 这种力量源自孩子本身。

如果父母关注孩子愿意做的事情，并给予孩子足够的爱和肯定，孩子的自信心就会增强。我一直觉得，如果你不把遇到的问题当成挫折，它就不是挫折。比如，孩子在学校的成绩不理想，这对于他来说可能是一种挫折，但这也是为将来做更大的事情做准备的经验。

家长最大的问题是不让孩子独自面对问题。一出现"棘手"的问题，家长就急着替孩子想办法，这其实剥夺了孩子养成成长型思维的机会。比如，孩子在学校受到欺负时，家长的第一反应是"冲出去保护孩子"。但实际上，应该让孩子自己学习如何处理人际关系，而不是依赖家长。

如果孩子发现同学不喜欢自己，他自然会想办法做出改变。否则，孩子将来进入社会很可能会无法适应。

在某些时刻,让孩子吃点苦未尝不可。因为吃苦可以让他们感受挫折,培养能力。但绝不能把吃苦和制造挫折画上等号。

让孩子感受自然而然的挫折,从中体会失败的感觉,这才是正确的做法。当他能从失败中获得经验时,失败就会成为他的助力。

那么,请问,你是把失败当成失败,还是把失败当成提醒呢?

每天和自己的灵魂待一会儿

当我们真正与自己相处时,便不会在意失败,内在的潜能也能被激发出来。当我们真正感受到自己的渴望,关注自己的行为,觉察到内心真正的需求时,自我疗愈便已悄然发生。

关注自己的内在行为

我们常常以外界的标准来决定自己的选择,将他人的标准或所谓的"好"当作自己的追求,这是一种普遍现象。比如,许多人认为"瘦即是美",一旦接受这一标准,便会在外界的影响下努力追求瘦身,即使自己已经很瘦了。

如果长期受此影响却缺乏觉知,就会出现两种结果。一是拥有时却无法满足。例如,你已经很瘦了,拥有别人羡慕的纤细身材,却仍想变得更瘦，这种标准永远难以满足。二是实现后感到空虚。如果你本身并不认同"瘦即是美"，却历经千辛万苦瘦下来，最终可能会感到内心空虚，因为这不是你真正想要的。

如果我们能与自己的心灵对话，觉察内心深处的需求，并将其与生活中的行为相匹配，我们的体验感、价值感和幸福感将截然不同。当我们的行为和内心期待相匹配时，会更容易成功。

然而，大多数人相较于关注自己的内在，反而更关注外面的世界，习惯与他人比较，正是缺乏内在关注的表现。

与灵魂同在，一切都会改变

关注内在，感受万事万物的规律，并努力遵循、匹配，能让我们活得更自在。

大约六年前，我开始学习《道德经》并遵循其中的规律，包括家庭、夫妻、亲子的相处之道以及企业运行的规律。经过几年的学习，我受益良多。

最近，我再次向老师请教《道德经》。在我眼里，我的老师称得上研究《道德经》的权威，他说："当一个人能够真正与灵魂在一起的时候，所有的问题都会迎刃而解。"这句话让我深受震撼。

我问他："您说的'改变'指的是什么？"老师回答："人生是不断变化的，在不同的阶段会遇到不同的问题。"

作为女性，初入社会时，我们会感觉自己无所不能，容易急功近利，直到撞上现实的南墙才会回头。在成家立业后，我们既要照顾双方父母，又要兼顾丈夫和孩子，还要面对同事和客户，成为一个优质的合作伙伴。我们往往感到自我空间被压缩，没有时间与自己的灵魂独处，因找不到自我而陷入迷茫。在步入中年后，父母年迈、孩子上学、事业扩展，肩上的担子越发沉重，更难抽出时间关注自己。这时，我们需要找到补充能量的方式，但往往无人相助。

总之，在人生的不同阶段，必然会遇到不同的问题。这些问题会给人带来情绪的波动和内心的烦扰。只有与灵魂同在，才能看清自己真正想要的是什么。当内心和视角发生改变时，问题自然也会随之改变。

有意识地与灵魂独处

人生如负重前行，不可急躁。人生的每个阶段都需要每天与自己的灵魂相处片刻，那么，如何通过有意识的练习将其变成一种积极的本能呢？

1. 感受 3 分钟呼吸，滋养自己

通过呼吸放松，感受一呼一吸，人会很容易平静下来。这个过程是一种精神的温补，是对自己灵魂的滋养。这与借助名贵的药材或者食物进行滋养是完全不同的。

每个人每天都需要关注自己的身体状态。你可以选择早上或晚上，给自己留出一些时间，让它成为一种习惯。

2. 每天冥想十分钟，感知自我

每天给自己十分钟，闭上眼睛去冥想，放空思绪。比如，清晨时，外界的打扰比较少，你可以先喝一杯水，然后给自己十分钟，坐下来感受自己的内心。你无须刻意摆出打坐姿势，只需试着去感受自己即可。这个过程能为你充能，天长日久，你就会有所改变。

我自己也会冥想，只是因为我已经有了经验，所以每天可能只需要3分钟就够了。而且，我不会刻意要求自己去冥想，它是自然而然的事，甚至已经成为我身体的一部分。

3. 独自去看电影、散步，反思自己

你可以独自去看电影，到公园散散步或走进大自然。你可以在这个过程中反思自己的问题，并把关注点放在如何做得更好上，而非全面否定自己。

事情未做好往往是复杂原因的综合结果，我们需要区分哪些是自己能够改变的，哪些是自己无力改变的。对于能改变的，我们应该努力改进；对于无力改变的，我们应该包容自己，接纳自己，不要强求自己。

有些事情，即使当下确实没做好，也要告诉自己：我不完美，可我正在一天比一天更好，不断给自己加油鼓劲儿。那么，如何才能一天比一天更好呢？

4. 复盘与改进

我常对未做好的事情进行复盘，模拟一遍正常的流程。比如，我会想，今天没做好，下一次怎么才能做好？再遇到这种情况时应该怎么做？而不是一直想，我怎么就没做好呢？

许多人没做好事情时可能会想，如果我当初那样做，就不会这样了。之所以有这种想法，是因为人们有厌恶损失的心理。但是，这种心理除了让人后悔，别无用处。那么，如果将思路转变为"下次怎么做可以更好"，就意味着已经得到了一些经验，在一点点地改变。

此外，我会询问别人对我的客观看法。因为，他人会提供不同的观察视角，并将多角度的信息整合起来，能让我更清晰地认识自己，并以更包容的心态看待自己。

记住，自我反思虽然是很好的习惯，但过度反思可能变成自我伤害。如果你觉得自己需要被疗愈，那么不妨每天与自己的灵魂相处片刻，因为你才是自己灵魂最好的滋养者。我相信，只要有意识地去做，就可以做到。

爱自己的 N 种方式

一提到爱自己，许多人会觉得这是自私。这两种行为看起来可能差不多，但动机上有着巨大的差别：爱自己，是在爱自己的同时也能爱别人；自私，则是以伤害别人为代价来成就自己。

只有明白了什么是自私，才能更好地理解自爱。

什么是真正地爱自己

1. 允许自己成为本来的样子

爱自己的第一步，是允许自己成为本来的样子。这包括自己的优点和缺点、长处和短处。既允许自己保持自然的状态，也允许自己有情绪，不需要和自己对抗。

比如，我学东西慢一点，那就承认自己学得慢，允许自己按照自己的节奏来。对自己多一些允许,就是对自己多一些宽容。

2. 先解决自己的问题

在自己的世界里,你是最重要的。 我们应学会先爱自己,先解决自己的问题,再去爱别人。毕竟,有余力的人才能爱人。当你的状态良好时,才能向孩子、伴侣、父母、朋友和世界传递正能量。如果你自己的状态糟糕,即便每天都在帮助别人,传递的也并非爱的能量。

3. 要学会取悦自己

只有学会取悦自己,才能懂得如何取悦别人。 比如,在自己的能力范围内,买一些想要的东西奖励自己。当你感受到这种愉悦感时,才知道如何为他人带来快乐。反过来,他人也会因你带来的愉悦感而更爱你。因此,爱别人之前,先爱自己;爱自己就是爱别人,爱别人也是在爱自己。

4. 创造让自己更好的机会

爱自己的人,会让自己越来越优秀。没有机会,就去创造机会。

如果你喜欢跳舞,可以报一个舞蹈班;如果你喜欢唱歌,可以报一个能让自己唱得更好的声乐班;如果你喜欢学习,可以参加各类培训。

毕竟,大家都喜欢更好、更美、更多才多艺、更有智慧、更有趣的人。当你不断变得优秀时,就能吸引更多的人爱你。

爱自己的方式与价值观有关

爱自己的方式因人而异,与个人的价值观密切相关。无论选择哪种方式,只要在选择的那一刻遵从内心便是最好的爱自己的方式。如前文提到的"瘦即是美"的观点。尽管外界宣扬"瘦即是美,变瘦是爱自己的方式",但如果你认为健康才是美,那就坚持做自己。许多人之所以做不到爱自己,或者无法以正确的方式爱自己,就是因为受外界的影响,动摇了自己的选择。

爱自己,就改变自己

一个人如果迷失自我,其决策能力、判断能力都会受影响,而且时常会感到无力。

我有一个朋友,她的生活几乎完全围着孩子转。她非常担心孩子,但孩子并不在身边。因此,孩子稍有风吹草动,她的心情就会跌入谷底,导致睡不好觉、吃不好饭、血压升高、心脏也不舒服,整个人的状态都变得非常糟糕。

每当看到她出现这种情况时,我都会帮她做一些心理疗愈。可是,这并不是根本的解决办法,从根本上说,她需要自己做出改变。

我问她:"你这样做能不能帮到你的孩子?"

她回答:"不能。"

我又问:"那对孩子会有什么影响?"

她说:"孩子会担心我的状态,情况会变得更糟。"

我问:"那你为什么还要这样做呢?"

她被我问得哑口无言,眼中充满迷茫。

借此机会,我开始开导她:"你知道吗?只有在你状态好的时候,传递给孩子的才是爱的能量。你应该先学会爱自己,而不是把所有的精力和时间都放在孩子身上。想学习就去学习,想逛街就去逛街。凡是你喜欢的、想做的,都可以去尝试。"

现在,她开始在自己身上投入更多精力,不再把所有心思都放在孩子身上了。从她的身上我能看出明显的变化,能感受到她的力量越来越强。

在改变之前,她陷入了"当局者迷"的困境。很幸运的是,我成了那个点醒她的"旁观者"。我能够做到这一点,是因为我有深厚的积累,能看到问题的关键所在。

有时候,当我们陷入糟糕的状态,不知如何走出来时,最好的办法就是找一个思想维度更高、更富有智慧的人来帮助自己。

这不是自降身价,而是向优秀的人学习,是在缩短改变的进程,更高效地爱自己。

当然,我们也要记住,永远相信自己是尊贵的,让自己尊贵地活着。如果实在把握不准其中的界限,不妨用心去感受一下,你是否在爱着自己?

做有意义的好事，相信生命的更多可能

爱自己，成为更好的自己，并帮助他人变得更好，这是我一直想做且一直在做的事。有人说，我是在做好事，给了我很多溢美之词。我认同"做好事"这一说法，因为在我看来，只要是有价值、不伤害他人和世界的事，就是好事。但我并不觉得自己做了多么伟大的事，我所做的，大多数人也能做到。

如果非要找出一个与众不同的点，那就是我的视角不同——我不是看到生命有更多可能，而是相信生命有更多可能。有了这个视角，我看待这个世界的态度会不一样，自信心也会更强。即便遇到别人认为难以挣脱的困境，我内心依然坚定地相信，一定还有更多可能。

带着这份信念去做事，自然就会做出许多有意义的好事，进而让生命得到升华。好事做得越多，就越会看到更多的可能性。

宇宙法则：你给出什么，宇宙会加倍回馈给你

当我们做很多有益的好事时，世界也会回报给我们很多善意、善良，甚至是好事和贵人。这是符合宇宙法则的。

所谓宇宙法则，就是你给出什么，宇宙会加倍回馈给你。当我们做有意义的好事时，世界会回报给我们善良、美好、健康、幸福等。

有一个公益组织，成立之初规模非常小。组织中的人起初只是想做一些帮助别人的事，从来没想过有所回报。然而，随着好事越做越多，他们就被越来越多的人看到。许多人认可他们的价值观，愿意和他们一起做公益，通过捐款和介绍资源等方式参与。随着参与人数的增加，这个组织也越做越好、越做越大。如今，它已成为最有影响力的公益组织之一。

对于家庭和世界而言，道理也是一样的。我们付出什么，宇宙也会加倍回馈给我们什么。我们也在为自己和后代积累福报。

做有意义的好事，从两个维度产生影响

我从事目前的工作，最初也只是在自己能力范围内做自己想做的事，从没想过能带动这么多人一起去做。起初，我的想法很简单：我是一个咨询师，就做咨询；我是一个老师，就教导他人。

后来，有人知道我懂家庭教育，就推荐别人来找我咨询。比如，

朋友的孩子抑郁了，不愿意上学，应该怎么办？只要我的时间允许、精力允许，在自己的能力范围内，我就会去帮助他们，告诉他们怎么做。

在为他们免费做咨询的过程中，我个人也受益良多，对我事业的发展产生了一些正向影响。

1. 实现自我成长

一开始，我认为这件事是一件好事，对他人有利、对社会有益，也可以让我成长。于是，我无偿帮助了一个人、两个人、三个人。在帮助别人的过程中，有些人会给我正向反馈，这让我更加确信自己可以做得更好，同时我也更加愿意总结自己的经验，以便做得更好。

2. 让更多人参与

随着好事越做越多，有些人觉得这件事情很有意义，就会向其他人推荐我。即使我没有主观意愿让他们参与，依然也会有更多的人愿意参与进来。其实，我并没有对此做规划，而是外部能量在推动我，让我一步步走上了带领更多人做这件事的位置。

相反，如果我做的是一件不好的事情，即便我想拉别人参与，也不会有什么效果。因为这件事情对他人是有害的，对我的成长也没有益处。甚至，它会让我"走火入魔"，给自己带来负面影响。

有句话说："得道者多助，失道者寡助。"道理是相似的。一旦失了道，根本就不会有人参与进来。

真心感受好事,发现生命有更多可能

对于自己正在做的事情,我有很清晰的认知。可是,我身边的许多人并没有意识到他们做的事情也是有意义、有价值的好事。一旦他们内心感知不到这是一件好事,也就很难投入自己的心力,很难发现更多可能。

这一点在一些退休人员的身上反映得尤其明显。在工作了几十年后,他们必须离开自己心爱的岗位,会突然找不到自身的价值和意义。

遇到这样的学员,我会分几步去引导他们。首先,我会让他们看到自己的存在。在交流中,我会讲述自己的故事,告诉他们:"我妈妈去世了,这对我打击很大。即便你什么都不做,只要健康地活着,对于你的孩子来说,就是非常重要的意义和价值。你在孩子身边会让他们觉得安心。"

其次,让他们在学习疗愈师的课程时和同学一起做练习。课堂上,同学们会给予他们肯定和鼓励。同学会说:"你为我做的疗愈,我感觉很好,整个人都变轻松了。仿佛就在一瞬间,过去困扰我的事情就都解开了,我不再纠结了。"此时,他会觉得自己确实还有价值。

最后,我会趁热打铁,鼓励他去做公益。运用我教给他的方法,加上专业的工具,他可以轻松地帮助别人。

从另外一个角度来看,老年人也可以找一份自己的事业,去帮助年轻人。毕竟,老年人的经验和阅历是年轻人最大的财富,他们可以将这些财富变成某个事业,给予年轻人善意的关心,帮助年轻人解开心结,为年轻人带来莫大的鼓舞和价值。

在一些人看来,善良的关心也许浮于表面,但对于另一个生命来说,它具有巨大的意义。

总而言之,好事不一定是别人眼里了不得的事情。只要能为别人带来意义和价值,它就是值得做的。我始终相信,生命因为有意义才有了更多的可能性。

当你回首人生,你能不能说出曾经做了哪些好的事情,让你觉得你的生命有了更多的可能性?

案例与附录

案例一：笔记本与"内在小孩"

这个案例虽然已经过去了十年，却还是深深地刻在我的脑海里，它也是我投身心理教育事业的动力之一。

我为她先后进行了十次心理治疗（我那时候能力比较弱，现在处理同样的问题只要1~2次就会有明显效果），改善了她与母亲的关系，疗愈了她的"内在小孩"，进而改变了她与孩子之间的关系。

第一次咨询时，她带着上三年级的儿子一起来到我的面前。一同带来的，还有一本厚重的笔记本，里面密密麻麻地记录了孩子的种种不足，包括每一次犯错的日期和事件。

我能感受到这位母亲对孩子的爱，但她的教育方式让孩子变得缺乏自信，总是低着头，像个"小老头"一样，说起话来唯唯诺诺。

当我试图向她解释，孩子身上的问题与亲子关系密切相关时，她最初感到难以置信，反驳我："孩子不好好学习，考试粗心，跟我有什么关系？我每天都教他、陪他补课、让他复习，怎么会跟我有关系呢？"

我理解这位母亲的焦虑，所以当她讲述孩子的问题时，我更多的是给予情感上的回应。在我耐心的引导下，她慢慢地说出了一个关键问题：她成长于一个离异家庭。

童年时，她的母亲对她非常严厉，使她的内心很压抑，情绪也很不稳定。她从母亲那里学到的是，母亲对孩子的爱就是严厉和苛刻。于是，她也用这样的方式"爱"自己的孩子，并且觉得自己做得很好。

我让她看到自己的原生家庭，看到她的母亲对她的影响，就是为了让她明白，孩子身上的问题与她是有关系的。然而，当我建议她"关注自己"时，她却完全无法接受。

第二次咨询时，她开始意识到自己的问题，对我的态度变得温和起来，也愿意尝试进行更多的沟通。

第三次咨询时，我更加深入地引导她，给她更多的鼓励，让她明白，自己的状态对孩子有很大的影响。

第四次咨询时，她带着孩子来了，告诉我，孩子主动给老人让座，得到了旁人的赞扬。她很高兴，当着我的面表扬了孩子。她变了，不再拿着笔记本数落孩子的缺点；孩子也变了，脸上挂着自信站在母亲身旁。

这之后，到第七次咨询时，她开始意识到自己与父母之间的关系有所缓解。第八次咨询时，她已经可以与母亲和解，从怨恨变为感恩。

通过剩余的几次咨询,她学会了如何更好地支持孩子。

在咨询结束后,她相比之前发生了很大的变化,她意识到,孩子就是自己的镜子,于是开始改变自己。

当她放松下来,改变了对孩子的态度,不再总盯着孩子的缺点时,孩子也变得越来越阳光、自信。

关于这个案例,我想和大家分享的感悟是**家长并不会因为生了孩子,就自然而然地成为合格的家长。每个家长都需要学习,都应该在养育孩子这件事情上寻求专业人士的指导。**

如果家长手里总是拿着记录孩子优点的本子,这个世界也许会变得更加美好。

案例二：家庭疗愈不仅仅是两个人的事

一对夫妻，感情出现了问题。妻子不想离婚，而丈夫态度坚决。他们曾尝试婚姻咨询，但效果不佳。因此，当妻子带着她两岁的孩子来找我时，反复问我："老师，咨询会有帮助吗？"我告诉她："我不能向你保证，因为真正的改变在于你自己。你改变了，你们的关系也会随之改变。"

了解了基本情况之后，我意识到，这是一个典型的父母过度介入婚姻生活的案例。婚后，夫妻双方的父母都过多地干涉他们的生活，这给他们带来了很多矛盾和不满。有了孩子以后，丈夫将孩子放在第一位，忽略了妻子，妻子因此心生不满，频繁抱怨，丈夫的不满情绪也逐渐增加，导致他们的感情逐渐疏远。

更严重的问题是，夫妻双方将自己的不满情绪告知了各自的父母，导致岳父岳母指责女婿，公公婆婆指责儿媳，甚至两个家族之间互相指责，演变成家族争斗。夫妻关系恶化到不可调和的地步，丈夫坚决要求离婚。他之所以愿意陪妻子一起接受咨询，主要原因是孩子年龄太小，担心离婚会给孩子带来伤害。

在咨询中，我让他们意识到，婚姻是他们自己的事情，不应该让父母过多参与。我建议，一定不要和父母同住，并强调夫妻关系应优先于亲子关系。当他们理解了这一点后，我开始用心理学的方法引导他们说出疗愈性的话语，他们的情绪逐渐改变。在咨询结束时，他们拥抱了对方，牵手离开了咨询室。后来，我在女方的朋友圈看到了他们一家三口的照片。

他们之间并非没有感情，只是不懂得如何经营感情，界限不清晰，让父母参与过多，夫妻关系和亲子关系的顺序也搞错了。

关于这个案例，我想和大家分享的是经营好夫妻关系是夫妻二人的责任，而不是父母的责任。真正的成年与年龄无关，而是在于能否看清生命中重要事物的秩序，并维护这个秩序。

案例三：离家出走的"父爱"

有一位年过七旬的阿姨，个性严谨，自我要求极高。她是一位名人的母亲，曾担任小学校长。她之所以来找我，是因为她难以向他人，尤其是自己的孩子，表达内心的痛苦，以及对前夫的怨恨。

我引导她讲述自己的原生家庭，逐渐了解了她的过去。在她小时候，父亲就离家出走了，母亲独自抚养她长大。村里人传言她父亲在外面做了坏事，这让她对父亲怀有深深的怨恨。

人际关系中，最糟糕的不是爱恨交织，而是爱而不得。长期被忽视、被无视，最终变得麻木不仁，对方就会变得无关紧要。她对父亲的怨恨背后，其实是对父爱的渴望和得不到的痛苦。

这份怨恨对她的亲密关系产生了深远的影响，即使她和丈夫离婚后，这种情况也没有发生改变。可她并未意识到，自己的亲密关系一直受原生家庭的影响。

由于她的父亲已经去世，我只能通过冥想的方式帮助她回溯与父亲的关系。让她回到童年与父亲达成和解。

她离开后，心情非常愉快，回家后做了一件特别的事——回到了童年生活的地方。后来，她甚至去了她父亲曾经生活的地方。她以这样的方式来纪念父亲，最终实现了自我救赎，放下了多年的怨恨。

这个案例提醒我们，并不是所有事情都可以交给时间来解决。有些情感并不会随着时间的流逝而消失，反而可能会变得更加强烈。疗愈他人也是疗愈自己。这能让我们更加坚定地从事疗愈工作，而从中获得启示。

案例四：从师生矛盾到自我觉醒的转变

有一个来自知识分子家庭的孩子，父亲是企业的高级销售总监，母亲是政府干部兼工程师。他的父母受过良好的教育，懂得如何支持和帮助孩子，这让孩子从小就表现得很优秀，成绩一直名列前茅。

但是，进入初中后，他的语文成绩突然下降，甚至不及格。母亲无法理解，孩子只是说"不想学"。他们无法帮助孩子，也无法接受孩子的现状，于是，他们带孩子来找我咨询。

我单独与孩子交流时，发现他很聪明，也很有想法。他告诉我，他是因为不喜欢语文老师成绩才大幅下滑的。我问他为什么不喜欢语文老师，他说语文老师上课时会骂其他同学，尽管自己没挨骂，但他不喜欢老师这样做。因为不喜欢老师，所以不喜欢语文课，更不想学习。

其实，这是青春期孩子的典型表现。我询问他对未来的打算，他说他想成为科学家。我提醒他，如果成绩不好，可能无法实现这一目标。我尊重他的理想，并没有劝他放弃学习，而是引导他思考如何提高语文成绩。

我问他："你是在为老师学习还是为自己学习？"他思考之后意识到，老师只是一个帮助他学习的过客，他不是为老师学习，而是为自己学习。当他明白这一点后，他就能听进去道理了。

我建议孩子的父母与语文老师建立良好关系。人是有感情的，父母与老师的关系好，孩子对老师的感情自然也会不一样。此外，我了解到，老师之所以态度严厉，是因为他的父亲住院了，压力很大，情绪也变得焦虑。孩子了解到这些情况后，对老师的行为有所理解，态度也有所好转。

一个学期后，孩子的成绩有了显著进步。

我想和大家分享的是**千万不要只看孩子的外在表现，而是要看到表象背后的原因。任何情绪背后都有未被满足的需求**。我们要了解这些底层需求，一旦找到底层需求，问题很快就会得到解决。

案例五：镜子中的背叛

有一位律师面临着棘手的亲密关系问题。他聪明且有能力，却总是遇到不忠诚的伴侣，每次与伴侣确定关系不久，就会发现对方出轨。一旦出现这种情况，他会毅然决然地与不忠的伴侣分手，再去寻找新的伴侣，但总是陷入同样的困境。数次之后，他选择了一个看起来保守老实的女孩，认为这次不会再生波澜，但结果还是一样。

他向我倾诉自己对女友的善待，以及女孩最初的保守形象。他自信地认为自己做出了正确的选择，结果却事与愿违。他的情绪很激动，对自己的遭遇深感不平。我知道，对于他的情况，处理事情前要先解决情绪。于是，在开始时，我用心理学的方法与他共情，安抚他的情绪，只有这样他才能听进去我后面的话，进而解决问题。

为什么这样优秀的男人总是遇到不忠诚的女人呢？即便对方看似老实，与他在一起后也会出轨。这与他的童年经历有关。他四五岁时，目睹了母亲出轨，这在他的脑海中留下了深刻的印记。长大后，他可能在无意识中寻找像母亲一样的女人，以此来认同或爱戴自己的父亲。

他担心伴侣出轨，会检查对方的手机，但这并不能真正地解决问题。最初，他自信满满，认为自己的职业和收入会吸引别人，而不是被背叛。但是，当他发现女友出轨后，他感到不安，开始怀疑和要求更多。由于他的职业特点，他能够轻易获得证据，这让他非常痛苦。他采取了各种预防措施，要求女友遵守严格的规则，频繁保持联系。

通过我的引导，他意识到，这与他的原生家庭有关。通过疗愈他与父母的关系，他在内心完成了消融影响。

他调整了自己的心态，在选择伴侣时更加注重情感交流，而非仅被外部条件吸引。他开始更加重视对伴侣的情感投入，并愿意给予对方空间。当他再次选择伴侣时，就不那么容易吸引到不忠诚的女性了。

关于这个案例，我想和大家分享的是一个人的内在能力和幸福，可能源于他自己。外在的一切其实都是你内心的一面镜子。你如何看待它，它就会如何对待你。如果你处于放松的状态，那么你的生活可能会更加美好。

后 记

做自己的心理疗愈师

我的很多学员给过我相同的评价——婉新老师是我的引路人。

他们告诉我:"我的人生可以分为两部分:认识您之前和认识您之后。"

我明白他们的意思,但我想说的是,虽然我帮助他们激发了内在的力量,让他们看到了希望,有能力帮助自己走出困境并创造未来。但实际上,这些是他们自己做到的,我只是协助他们。我觉得这非常有意义,也非常有价值。

如果更多的人拥有这种能力,家庭关系将变得更和谐,这个世界将变得更美好。更多的人将不再抑郁,或者不再让自己陷入痛苦之中。

我也经历过痛苦。当年,我找不到心理咨询的地方,不知道谁在从事这项工作。无奈之下,我去医院的心理咨询科挂号。我一辈子都忘不了当时的情景:我坐在桌子的一边,对面坐着两位身穿白大褂的医生。我带着很大的期待,认为他们是专业的,能够帮助我,但医生只是递给我一些表格让我填写。当时我的情绪已经到了无法控制的地步,但两位医生没有任何共情,只是很理性地看着我哭。

这是我人生中一次失败的心理咨询经历,我再也没有去过。但是,后来作为一名咨询师,我非常重视我的每一位来访者,我会尽力帮助他们,给予他们耐心和共情,因为我知道他们此时有多么需要帮助。

如今,我认为心理咨询行业需求巨大。随着人们经济收入水平的提高,人们的自我意识在觉醒,不仅需要物质上的满足,更需要关注自己的情感和内在需求。因此,这一行业在未来将变得越来越重要,需要更多的人成为心理疗愈师。

那么,什么样的人适合成为心理疗愈师呢?

1. 对行业有认知

你先要认识到它的意义,如果你没有意义感,就不能从事这个行业。你需要能够从帮助他人、唤醒他人的决心中找到意义,这是一件令人心潮澎湃的事情。

2. 有耐心和爱心

耐心和爱心非常重要,但这并不意味着只有年长的人适合从事这个行业。年长的人虽然人生经验更丰富,可能更适合提供咨询,但这并不意味着年轻人不可以。年轻人也可以为年轻人提供咨询,可能更容易被年轻人接受和喜欢。

3. 有学习能力和成长性思维

这个行业会不断迭代,你会遇到来自各行各业、不同性格、不同经历、不同文化的人。如果你想有能力帮助他们,就要至少能理解他们说的话，并给予一定的支持。而这就需要心理疗愈师有更高的知识水平。如果你故步自封，认为自己已经足够好了，那么你可能不适合做这个行业。你需要有学习能力，愿意不断学习。

4. 不急于赚钱

如果你把赚钱放在第一位，那么是做不好这个行业的。大多时候，来访者的痛苦和创伤让他们甚至无法清楚地表达自己，如果你缺乏爱心，只是为了赚钱，不仅帮助不了别人，你自己也会很痛苦。你要明白，这个行业并不是一个快速赚钱的行业，也不是一个容易赚到钱的行业。

谨以此书

献给我的父母，是他们给予我生命和很多美好的品德。

献给我的孩子，是他激励我不断学习和成长。

献给我的哥哥姐姐、伴侣、闺密，所有教过的学生、疗愈过的人，以及一起传播生命美好的朋友们！

谢谢你们给予我的爱和支持。

每一个人都值得更好！

每一个家庭都值得更好！

请相信，你也可以成为自己的心理疗愈师！